水土保持工程技术

（修订版）

刘力奂　蒋　岑　王　晶
邹　颖　谢　锦　肖慧芳　编著

黄河水利出版社
·郑州·

内 容 提 要

水土保持工程技术在治理水土流失和合理利用水土资源体系中发挥着极为重要的作用。本书对常用的几类水土保持工程的概念、类型与设计进行了详细的阐述,主要内容包括:绪论、坡面防护工程、沟道治理工程、护岸与河道整治工程、泥石流与崩岗防治工程、弃渣场及拦渣工程、农业面源污染减排工程等。

本书可供从事清洁小流域治理,水土保持工程设计、施工和养护管理的工程技术人员及相关领域的研究人员参考,也可作为大中专院校教材。

图书在版编目(CIP)数据

水土保持工程技术/刘力奂等编著.—郑州:黄河水利
出版社,2020.6　(2022.8　修订版重印)
ISBN 978-7-5509-2711-7

Ⅰ.①水…　Ⅱ.①刘…　Ⅲ.①水土保持–水利工程–
工程技术　Ⅳ.①S157.2

中国版本图书馆 CIP 数据核字(2020)第 111128 号

组稿编辑:王路平　电话:0371-66022212　E-mail:hhslwlp@163.com

出　版　社:黄河水利出版社　　　　　　　　　　网址:www.yrcp.com
　　　　　　地址:河南省郑州市顺河路黄委会综合楼 14 层　　邮政编码:450003
发行单位:黄河水利出版社
　　　　　　发行部电话:0371-66026940、66020550、66028024、66022620(传真)
　　　　　　E-mail:hhslcbs@126.com
承印单位:河南承创印务有限公司
开本:787 mm×1 092 mm　1/16
印张:10.5
字数:240 千字
版次:2020 年 6 月第 1 版　　　　　　　　　印次:2022 年 8 月第 3 次印刷
　　　　2022 年 8 月修订版

定价:35.00 元

前　言

　　水土保持工程技术在治理水土流失和合理利用水土资源体系中发挥着极为重要的作用。根据《第一次全国水利普查水土保持情况公报》（水利部，2013 年 5 月），截至 2011 年 12 月 31 日，全国（未含香港、澳门特别行政区和台湾地区）共有水土流失面积 294.91 万 km^2，其中，水力侵蚀面积 129.32 万 km^2，占水土流失总面积的 43.85%；风力侵蚀面积 165.59 万 km^2，占水土流失总面积的 56.15%。2016 年，全国共完成水土流失治理面积 5.62 万 km^2，其中，新修基本农田（包括坡改梯农田）面积 57.44 万 hm^2、营造水土保持林面积 168.99 万 hm^2、经果林面积 64.29 万 hm^2、种草面积 42.31 万 hm^2、封禁治理面积 155.88 万 hm^2、保土耕作等治理面积 73.12 万 hm^2。这一显著成果的实现离不开水土保持技术的合理应用，明确水土保持工程技术在开展水土保持工作中的功能，对进一步实施水土流失治理、建设生态文明具有重要的现实意义。

　　为了提高出版质量，作者于 2022 年 8 月，根据使用中发现的问题和错误，对全书进行了修订完善。

　　本书密切结合我国水土保持工作的实际，对水土保持工程技术进行了较为系统的研究。全书共分 7 章，系统阐述了坡面防护工程的概念和类型，重点介绍了梯田工程、坡面蓄水工程、坡面防洪截排水工程及斜坡防护工程；阐述了沟道治理工程，重点介绍了沟头防护工程、谷坊工程及拦沙（砂）坝工程的设计；阐述了护岸与河道整治工程的概念和设计；介绍了泥石流与崩岗防治工程的基本理念；阐述了弃渣场及拦渣工程的概念和设计；阐述了农业面源污染减排工程的概念和设计。

　　本书在编写过程中得到了中国科学院亚热带农业生态研究所、湖南省水利水电科学研究院、湘乡市水务局及中国电建集团中南勘测设计研究院有限公司等单位的大力支持和帮助，许多同志参与了本书内容的精选工作；另外，本书在编写过程中还引用了大量的参考文献。在此，谨向为本书的完成提供支持和帮助的单位、研究人员和参考文献的作者表示衷心感谢！

　　由于作者水平有限，书中难免存在不妥之处，敬请读者朋友批评指正。

作　者
2022 年 8 月

目 录

第 1 章　绪　论

1.1　水土流失与水土保持

1.1.1　水土流失

水土流失是指在水力、风力、重力等外营力作用下,水土资源和土地生产力的破坏及损失。水土流失包括土壤侵蚀及水的损失,土壤侵蚀的形式除雨滴溅蚀、片蚀、细沟侵蚀及滑坡等典型的形式外,还包括山洪侵蚀、泥石流侵蚀及滑坡侵蚀等形式。水的损失一般是指植物截留损失、地面及水面蒸发损失、植物蒸腾损失、深层渗漏损失、坡地径流损失,在我国水土流失概念中水的损失主要指坡地径流损失。目前,从我国法律所赋予的水土流失防治工作内容看,水土流失的含义已经延伸,不仅包括水力侵蚀、风力侵蚀、重力侵蚀、泥石流侵蚀等,还包括水损失及由此引起的面源污染(非点源污染)。

水的损失过程与土壤侵蚀过程之间,既有紧密的联系,又有一定的区别。水的损失形式中如坡地径流损失,是引起土壤水蚀的主导因素,水冲土跑,水土损失是同时发生的。但是,并非所有的坡面径流及其他水的损失形式都会引起土壤侵蚀。因此,有些增加土壤水分贮存量、抗旱保墒的水分控制措施不一定是为了控制土壤侵蚀。我国不少水土流失严重的地区如黄土高原,位于干旱、半干旱的气候条件下,大气干旱、土壤干旱与土壤侵蚀作用同样对生态环境与农业生产造成严重危害。因此,水的保持与土壤保持具有同等重要的意义。

1.1.1.1　水流失

水土流失中的水流失主要是指正常的水分局部循环被破坏情况下的地面径流损失,即大于土壤入渗强度的雨水或融雪水因重力作用,或土壤不能正常储蓄水分情况下产生的流失现象,如植被与土壤破坏后产生的水流失、地面硬化产生的水流失等。其流失量取决于地面组成物质或土壤特性、降雨强度、地表形态及地表植被情况。在干旱地区或半干旱地区,通过保水措施可以达到充分利用天然降雨为旱作农业服务及解决人畜用水等目的。

1.1.1.2　土壤侵蚀

广义的土壤侵蚀是土壤或其他地面组成物质在自然营力作用下或在自然营力与人类活动综合作用下,被剥蚀、破坏、分离、搬运和沉积的过程。狭义的土壤侵蚀仅指土壤被外营力分离、破坏和移动的过程。根据外营力的种类,可将其划分为水力侵蚀、风力侵蚀、冻融侵蚀、重力侵蚀、淋溶侵蚀、山洪侵蚀、泥石流侵蚀及地表塌陷等。侵蚀的对象也并不限于土壤及其母质,还包括土壤下面的土体、岩屑及松软岩层等。在现代侵蚀条件下,人类活动对土壤侵蚀的影响日益加剧,已成为不可忽视的外营力。

1.1.1.3　土壤养分流失

土壤养分流失是指土壤颗粒表面的营养物质在径流和土壤侵蚀作用下,随径流泥沙向沟道及下游输移,从而造成养分损失的自然现象。养分流失将使土壤日益贫瘠,土壤肥力和土地生产力降低,并造成下游水体污染或富营养化。

土壤的养分包含大量的氮、磷、钾,中等含量的钙、镁和微量的锰、铁、铜、锌、钼等元素。其中,有离子态速效养分,也有经过分解转化的无机速效养分或有机速效养分。土壤侵蚀使这些养分大量流失。

在流失的养分中,氮、磷、铜、锌等元素对水体的污染最严重,水体中过剩的氮、磷引起绿藻的旺盛生长,加速水体富营养化的过程。水土流失是导致面源污染加剧的主要因素。因此,防止土壤养分流失的有效措施是认真做好坡面水土保持,以减少水分损失,增强土壤持水能力。

1.1.1.4　面源污染

面源污染也称非点源污染,是指污染物从非特定的地点,在降水的冲刷作用下,通过径流过程汇入受纳水体(河流、湖泊、水库和海湾等),并引起水体的富营养化或其他形式的污染。一般而言,面源污染具有以下特点:污染物分布于范围很大的区域,并经过很长的迁移过程进入受纳水体,成因复杂;污染产生地随机性较强;面源污染的地理边界和发生位置难以识别与确认,无法对污染源进行监测,也难以追踪并找到污染物的确切排放点。

面源污染与水土流失密切相关,水土流失在输送大量径流与泥沙的同时,也将各种污染物输送到河流、湖泊、水库和海湾等,导致土壤侵蚀与水体富营养化,但人类活动加速此过程时就会导致水质恶化。

城市和农村地表径流是两类重要的面源污染源。病原体、重金属、油脂和耗氧废物污染主要由城市径流产生,而我国农村目前不合理施用的农药、化肥,养殖业产生的畜禽粪便,以及未经处理的农业生产废弃物、农村生活垃圾和废水等,在降雨或灌溉过程中,经地表径流、农田排水、地下渗漏等途径进入受纳水体,是造成面源污染的主要因素。

1.1.2　水土保持

水土流失防治即水土保持,是指对自然因素和人为活动造成水土流失所采取的预防与治理措施。《中国水利百科全书 水土保持分册》中明确指出:水土保持是防治水土流失,保护、改良与合理利用水土资源,维护和提高土地生产力,以利于充分发挥水土资源的生态效益、经济效益和社会效益,建立良好生态环境的事业。水土保持的对象不只是土地资源,还包括水资源;保持的内涵不只是保护,而且包括改良与合理利用,不能把水土保持理解为土壤保持、土壤保护,更不能将其等同于土壤侵蚀控制;水土保持是自然资源保育的主体。

《中华人民共和国水土保持法》(简称《水土保持法》,1991 年 6 月 29 日发布,2010年 12 月 25 日修订,2011 年 3 月 1 日施行)中所称的水土保持是指“对自然因素和人为活动造成水土流失所采取的预防和治理措施”。从中可以看出,水土保持至少包括 4 层含义:自然水土流失的预防、自然水土流失的治理、人为水土流失的预防、人为水土流失的治理。水土流失是指在水力、风力、重力及冻融等自然营力和人类活动作用下,水土资源和土地生产能力的破坏和损失,包括土地表层侵蚀及水的损失。自然因素是指水力、风力、重力及冻融等侵蚀营力。这些营力造成的水土流失分别为水力侵蚀、风力侵蚀、重力侵蚀、冻融侵蚀和混合侵蚀。人为活动造成的水土流失即人为水土流失,也指人为侵蚀,是由人类活动,如开矿、修路、工程建设及滥伐、滥垦、滥牧、不合理耕作等所造成的水土流失。

从定义可以看出:

(1)水土保持应包括水的保持和土的保持,应在防治土的流失的同时,采取措施防止坡地径流损失,充分利用天然降水增加土壤水分、提高土地综合生产能力。

(2)保持的含义不仅限于保护,而是保护、改良与合理利用。水土保持不能单纯地理解为水土保护、土壤保护,更不能等同于土壤侵蚀控制。

(3)水土保持的目的在于充分发挥水土资源的生态效益、经济效益和社会效益,改善当地农业生态环境,为发展山丘区、风沙区的生产和建设,整治国土、治理江河,减少水、旱、风、沙灾害等服务。

水土保持是山区发展的生命线,是国民经济和社会发展的基础,是国土整治、江河治理的根本,是必须长期坚持的一项基本国策。国家对水土保持实行"预防为主、保护优先、全面规划、综合治理、因地制宜、突出重点、科学管理、注重效益"的方针。现阶段我国水土保持的主要工作内容包括预防保护、综合治理、监测、监督管理四个方面。

1.1.2.1 预防保护

预防保护是指对现状水土流失轻微但潜在危害大的区域,地方各级人民政府按照水土保持规划采取的事前控制措施。主要措施包括封育保护、自然修复、植树种草等,目的是不断扩大林草覆盖面积,维护和提高土壤保持、涵养水源等功能,以预防和减轻水土流失。根据《水土保持法》的要求,对我国水土流失潜在危险较大的地区,应当划分为水土流失重点预防区,对重点预防区实施重点预防保护,主要措施包括实施封山禁牧、轮牧、休牧,改放牧为舍饲养畜,发展沼气和以电代柴,实施生态移民等,并对重点预防区存在的局部水土流失实施综合治理。我国重点预防保护区域主要是江河源头、重点水源地和水蚀风蚀交错区域。特别注意的是,在重要水源地,在预防保护林草植被的基础上,应采取水土保持措施以保护水源、防治面源污染。

1.1.2.2 综合治理

综合治理是按照因地制宜、分区施策的原则,以大中流域(区域)为框架,以小流域(小片区)为单元,山、水、田、林、路、渠综合规划,采取农业(农艺)、林牧(林草)、工程等综合措施,对水土流失地区实施治理,以减少水土流失,合理利用和保护水土资源。根据《水土保持法》的要求,对我国水土流失严重的区域,应当划定为水土流失重点治理区,对重点治理区实施重点治理,采取的主要措施有坡改梯、造林种草、建设拦沙坝和淤地坝等拦沙设施;在干旱和半干旱地区或其他缺水地区,采取旱井、涝池、小型蓄水工程等雨水集蓄利用设施。

1.1.2.3 监测

监测是对水土流失及其防治状况的调查、观测与分析工作,主要针对水土流失状况

（包括水土流失类型、面积、强度、分布状况和变化趋势）、水土流失造成的危害、水土流失防治情况及效果进行监测。监测的主要任务是建立水土保持监测网络，采集水土流失及其防治信息，分析水土流失成因、危害及其变化趋势，掌握水土流失类型、面积、分布及其防治情况，综合评价水土保持效果，发布水土保持公报，为政府决策、社会经济发展和社会公众服务等提供支撑。

1.1.2.4　监督管理

　　根据《水土保持法》的规定，县级以上人民政府水行政主管部门负责对水土保持情况进行监督检查；流域管理机构在其管辖范围内可以行使国务院水行政主管部门的监督检查职权。监督管理工作应坚持"预防为主、保护优先"的方针，重点通过强化执法，有效控制人为水土流失，推动水土流失防治由事后治理向事前保护转变。

1.2　水土保持工程级别划分与设计标准

1.2.1　梯田工程

1.2.1.1　工程级别

　　根据地形、地面组成物质等条件将全国的梯田划分为4个大区，其中：Ⅰ区包括西南岩溶区、秦巴山区及其类似区域；Ⅱ区包括北方土石山区、南方红壤区和西南石质山区；Ⅲ区包括黄土覆盖区、土层覆盖相对较厚及其类似区；Ⅳ区主要为引水条件良好，或地下水充沛可实施井灌的黑土区。

　　根据梯田所在分区，按梯田面积、土地利用方向或水源条件等因素确定梯田工程级别，梯田工程分为3级（见表1-1）。

表 1-1　梯田工程级别划分

分区	级别	面积（hm²）	水源条件	土地利用方向	说明
Ⅰ区	1	>10	—	口粮田、园地	以梯田设计单元面积作为级别划分的首要条件，当交通和水源条件较好时，提高1级；当无水源条件或交通条件较差时，降低1级
	2		—	一般农田、经果林	
	2	3~10	—	口粮田、园地	
	3		—	一般农田、经果林	
	3	≤3	—	—	
Ⅱ区	1	>30	—	口粮田、园地	
	2		—	一般农田、经果林	
	2	10~30	—	口粮田、园地	
	3		—	一般农田、经果林	
	3	≤10	—	—	

续表 1-1

分区	级别	面积（hm²）	水源条件	土地利用方向	说明
Ⅲ区	1	>60	—	口粮田、园地	以梯田设计单元面积作为级别划分的首要条件，当交通和水源条件较好时，提高 1 级；当无水源条件或交通条件较差时，降低 1 级
	2		—	一般农田、经果林	
	2	30~60	—	口粮田、园地	
	3		—	一般农田、经果林	
	3	≤30	—	—	
Ⅳ区	1	>50	好	—	以水源条件作为级别划分的首要条件
	2	20~50	一般	—	
	3	≤20	差	—	

1.2.1.2 工程设计标准

梯田工程设计标准依据所在分区及相应梯田工程级别按表 1-2 确定，主要涉及梯田的净田面宽度、排水设计标准和灌溉设施等。

表 1-2 梯田工程设计标准

分区	级别	净田面宽度（m）	排水设计标准	灌溉设施	说明
Ⅰ区	1	>6~10	10 年一遇至 5 年一遇短历时暴雨	灌溉保证率 $P \geqslant 50\%$	云贵高原、秦巴山区净田面宽取低限或中限；其他地方视具体情况取高限或中限
	2	(3~5)~(6~10)	5 年一遇至 3 年一遇短历时暴雨	具有较好的补灌设施	
	3	<3~5	3 年一遇短历时暴雨	—	
Ⅱ区	1	>10	10 年一遇至 5 年一遇短历时暴雨	灌溉保证率 $P \geqslant 50\%$	
	2	5~10	5 年一遇至 3 年一遇短历时暴雨	具有较好的补灌设施	
	3	<5	3 年一遇短历时暴雨	—	
Ⅲ区	1	≥20	10 年一遇至 5 年一遇短历时暴雨	有	
	2	≥15	5 年一遇至 3 年一遇短历时暴雨	—	
	3	≥10	3 年一遇短历时暴雨	—	
Ⅳ区	1	>30	10 年一遇至 5 年一遇短历时暴雨	灌溉保证率 $P \geqslant 75\%$	地形条件具备的净田面宽取高限，地形条件不具备的取低限
	2	(5~10)~30	5 年一遇至 3 年一遇短历时暴雨	灌溉保证率 P 为 50%~75%	
	3	<5~10	3 年一遇短历时暴雨	—	

1.2.2　拦沙坝工程

1.2.2.1　工程等别及建筑物级别

拦沙坝工程等别及建筑物级别应符合下列规定:拦沙坝坝高宜为 3~15 m,库容宜小于 10 万 m³,工程失事后对下游造成的影响较小,其工程的等别划分应按照表 1-3 确定。

表 1-3　拦沙坝工程的等别划分

工程等别	坝高（m）	库容（万 m³）	保护对象		
			经济设施的重要性	保护人口	保护农田（亩）
Ⅰ	10~15	10~50	特别重要经济设施	≥100	≥100
Ⅱ	5~10	5~10	重要经济设施	<100	10~100
Ⅲ	<5	<5			<10

注:1.1 亩 =1/15 hm²,下同。

　　2. 当坝高大于 15 m、库容大于 50 万 m³ 时,应专门论证。

　　3. 当条件不一致时取高限。等别划分不同时,按最高等别来确定。

拦沙坝建筑物级别应根据工程等别和建筑物的重要性按表 1-4 确定。

表 1-4　拦沙坝建筑物级别

工程等别	主要建筑物	次要建筑物
Ⅰ	1	3
Ⅱ	2	3
Ⅲ	3	3

注:1. 失事后损失巨大或影响十分严重的拦沙坝工程的 2~3 级主要建筑物,经论证可提高 1 级。

　　2. 失事后损失不大的拦沙坝工程的 1~2 级主要建筑物,经论证可降低 1 级。

　　3. 建筑物级别提高或降低,其洪水标准可不提高或降低。

1.2.2.2　工程设计标准

拦沙坝工程建筑物的防洪标准应根据其级别按表 1-5 确定。

表 1-5　拦沙坝工程建筑物的防洪标准

建筑物级别	洪水标准[重现期(年)]		
	设计	校核	
		重力坝	土石坝
1	20~30	100~200	200~300
2	20~30	50~100	100~200
3	10~20	30~50	50~100

1.2.3　沟道滩岸防护工程

沟道滩岸防护工程的防洪标准应根据防护区耕地面积和所在区域划分为两个等别,相应的防洪标准应按表 1-6 的规定确定。

表 1-6 沟道滩岸防护区的等别和防洪标准

等级			I	II
防护区耕地面积(hm²)	区域	I 区	≥100	<100
		II 区	≥10	<10
		其他区	≥5	<5
防洪标准[重现期(年)]			10	5

注:1. 涉及影响人口时,可适当调高标准。

2. 汇水面积在 50 km² 以下小流域采用此标准,其他采用堤防标准。

3. I 区是指东北黑土区,II 区是指北方土石山区、南方红壤区和四川盆地周边丘陵区及其类似区域。

1.2.4 坡面截排水工程

坡面截排水工程的等级分为三级:配置在坡地上具有生产功能的 1 级林草工程、1 级梯田的截排水沟列为 1 级;配置在坡地上具有生产功能的 2 级林草工程、2 级梯田的截排水沟列为 2 级;配置在坡地上具有生产功能的 3 级林草工程、3 级梯田及其他设施的截排水沟列为 3 级。

坡面截排水工程设计标准按表 1-7 确定。

表 1-7 坡面截排水工程设计标准

级别	排水标准	超高(m)
1	10 年一遇至 5 年一遇短历时暴雨	0.3
2	5 年一遇至 3 年一遇短历时暴雨	0.2
3	3 年一遇短历时暴雨	0.2

1.2.5 弃渣场及防护工程

1.2.5.1 弃渣场级别

弃渣场级别应根据堆渣量、最大堆渣高度,以及弃渣场失事后对主体工程或环境造成的危害程度,按表 1-8 的规定确定。

表 1-8 弃渣场级别

弃渣场级别	堆渣量 V (万 m³)	最大堆渣高度 H (m)	弃渣场失事后对主体工程或 环境造成的危害程度
1	1 000≤V≤2 000	150≤H≤200	严重
2	500≤V<1 000	100≤H<150	较严重
3	100≤V<500	60≤H<100	不严重
4	50≤V<100	20≤H<60	较轻
5	V<50	H<20	无危害

1.2.5.2　弃渣场防护工程级别

弃渣场防护工程建筑物级别应根据弃渣场级别分为 5 级,按表 1-9 的规定确定,并应符合下列要求:

(1)拦渣堤、拦渣坝、挡渣墙、排洪工程建筑物级别应按弃渣场级别确定。

(2)当拦渣工程高度不小于 15 m,弃渣场等级为 1 级、2 级时,挡渣墙建筑物级别可提高 1 级。

表 1-9　弃渣场防护工程建筑物级别

弃渣场级别	防护工程			排洪工程
	拦渣堤工程	拦渣坝工程	挡渣墙工程	
1	1	1	2	1
2	2	2	3	2
3	3	3	4	3
4	4	4	5	4
5	5	5	5	5

1.2.5.3　弃渣场防护工程设计防洪标准及其他要求

拦渣堤(围渣堰)、拦渣坝、排洪工程防洪标准应根据其相应建筑物级别,按表 1-10 的规定确定,并应符合下列规定:

(1)拦渣堤(围渣堰)、拦渣坝工程不应设校核洪水标准,设计防洪标准按表 1-10 的规定确定,拦渣堤防洪标准还应满足河道管理和防洪要求。

(2)排洪工程设计、校核防洪标准按表 1-10 的规定确定。

(3)拦渣堤、拦渣坝、排洪工程失事可能对周边及下游工矿企业、居民点、交通运输等基础设施造成重大危害时,2 级以下拦渣堤、拦渣坝、排洪工程的设计防洪标准可按表 1-10 的规定提高 1 级。

表 1-10　弃渣场拦挡工程防洪标准

拦渣堤(坝)工程级别	排洪工程级别	防洪标准[重现期(年)]			
		山区、丘陵区		平原区、滨海区	
		设计	校核	设计	校核
1	1	100	200	50	100
2	2	50~100	100~200	30~50	50~100
3	3	30~50	50~100	20~30	30~50
4	4	20~30	30~50	10~20	20~30
5	5	10~20	20~30	10	20

弃渣场及其防护工程设计中应注意下列要求:

　　(1)弃渣场及其防护工程抗震设计烈度采用场地基本烈度,基本烈度为Ⅶ度和Ⅶ度以上的应进行抗震验算。

　　(2)弃渣场临时性拦挡工程防洪标准取 3 年一遇至 5 年一遇;当弃渣场级别为 3 级以上时,提高到 10 年一遇防洪标准。

　　(3)弃渣场永久性截排水设施的排水设计标准采用 3 年一遇至 5 年一遇 5~10 min 短历时设计暴雨。

第2章　坡面防护工程

　　山坡是山地最重要的组成部分,在山区生产中占有重要地位,同时是泥沙和径流的策源地,通过山坡防护可以从源头治理水土流失,做到固土保水。坡面防护工程是治理水土流失的第一道防线,其作用在于用改变小地形的方法防止坡地水土流失,将雨水及融雪水就地拦蓄,使其渗入农地、草地或林地,减少或防止形成坡面径流,增加农作物、牧草及林木可利用的土壤水分;将未能就地拦蓄的坡地径流引入小型蓄水工程;在有发生重力侵蚀危险的坡地上,修筑排水工程或支撑建筑物,防止崩塌、滑坡等的产生。

　　坡面防护工程的类型主要有梯田工程、坡面蓄水工程、坡面防洪截排水工程、斜坡防护工程等。

2.1　梯田工程

　　梯田是指在坡地上沿等高线修成阶台式或坡式断面的田地,是山区、丘陵区常见的一种农田,它由地块排列呈阶梯状而得名。

　　梯田是劳动人民长期利用自然、改造自然、发展生产的产物,在我国已有数千年的历史,据考证,在西汉时期就已出现了梯田雏形。在世界上梯田的分布也很广泛,尤其是在地少人多的第三世界国家的山丘地区。我国的梯田不仅分布广泛,形式也很多样,不论平原区、山区或丘陵区,梯田都已成为基本的水土保持工程措施,也是山区土地资源开发、坡耕地治理、农业产量提高的一项基本农田建设工程。

　　梯田是改造坡地,保持水土,全面发展山区、丘陵区农业生产的一项措施。修建梯田可以改变地形坡度,拦蓄地表径流,增加土壤水分,以达到保水、保土、保肥的目的,同改进农业耕作技术结合,能大幅度地提高产量,从而为山区种草植树,促进农、林、牧、副业全面发展创造条件。我国规定,坡角在 25° 以下的坡耕地一般可修成梯田,种植农作物;坡角在 25° 以上的则应退耕植树种草。

2.1.1　梯田的类型

2.1.1.1　按断面形式分类

　　梯田按断面形式可分为水平梯田、坡式梯田、反坡梯田、隔坡梯田和波浪式梯田五类。

　　1. 水平梯田

　　水平梯田田面呈水平,适宜于种植水稻和其他旱作物、果树等,见图 2-1。

　　2. 坡式梯田

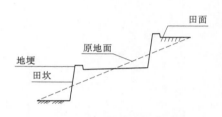

图 2-1　水平梯田断面示意图

　　坡式梯田是顺坡向每隔一定间距沿等高线修筑地埂而成的梯田,见图 2-2。它依靠逐年耕翻、径流冲淤并加高地埂,使田面坡度逐年变缓,最终形成水平梯田,这也是一种过渡的形式。

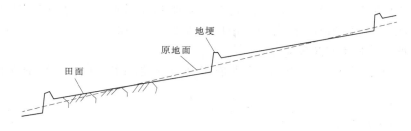

图 2-2　坡式梯田断面示意图

3.反坡梯田

反坡梯田田面微向内侧倾斜,反坡坡角一般可达 2°,能增加田面蓄水量,并使暴雨产生的过多径流由梯田内侧安全排走,见图 2-3。它适宜于栽植旱作物与果树。干旱地区造林所修的反坡梯田,一般宽仅 1~2 m,反坡坡角为 10°~15°。

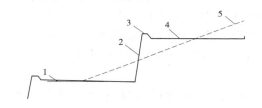

1—反坡坡角,一般不超过 2°;2—田坎;3—地埂;4—田面;5—原地面

图 2-3　反坡梯田断面示意图

4.隔坡梯田

隔坡梯田是相邻两水平阶台之间隔一斜坡段的梯田,见图 2-4。从斜坡段流失的水土可被截留于水平阶台,有利于农作物生长;斜坡段则种草、栽植经济林或林粮间作。一般可在坡角 25°以下的坡地上修隔坡梯田作为水平梯田的过渡。

5.波浪式梯田

波浪式梯田是指在缓坡地上修筑的断面呈波浪式的梯田,又名软埝梯田或宽埝梯田,见图 2-5。一般是在坡角小于 7°的缓坡地上,每隔一定距离沿等高线方向修软埝和截水沟,两埝之间保持原来坡面。软埝有水平和倾斜两种:水平软埝能拦蓄全部径流,适于较干旱地区;倾斜软埝能将径流由截水沟安全排走,适于较湿润地区。软埝的边坡平缓,可种植作物。两埝之间的距离较宽,面积较大,便于农业机械化耕作。

1—梯田面;2—坡面;3—原地面

图 2-4　隔坡梯田断面示意图

1—截水沟;2—软埝;3—田面;4—原地面

图 2-5　波浪式梯田断面示意图

2.1.1.2　按田坎建筑材料分类

按田坎建筑材料分类,梯田可分为土坎梯田、石坎梯田、植物田坎梯田。土层深厚,年降水量少,主要修筑土坎梯田;土石山区,石多土薄,降水量多,主要修筑石坎梯田;丘陵地区,地面广阔平缓,采用以灌木、牧草为田坎的植物田坎梯田。

2.1.1.3　按土地利用方向分类

根据土地利用方向不同,梯田可分为农田梯田、水稻梯田、果园梯田、林木梯田、旱作物梯田等。

2.1.2　梯田的规划

2.1.2.1　梯田布置的原则

(1)梯田规划是小流域综合治理规划的组成部分,坡耕地治理可根据不同条件,选择采取坡改梯、修建坡面小型蓄排引水工程和保土耕作法等措施。修建梯田的区域(梯田区)既要符合综合治理规划的要求,也要符合修建梯田的要求。

(2)梯田布置时应充分考虑小流域内其他措施的配合。例如,梯田以上坡面为坡耕地或荒地时,应布置坡面小型蓄排引水工程。年降水量在 250~800 mm 的地区宜利用降水资源,配套蓄水设施;年降水量大于 800 mm 的地区宜以排为主、蓄排结合,配套蓄排设施。我国南方雨多量大地区,梯田区内应布置小型排水工程,以妥善处理周边来水和梯田不能容蓄的雨水。

(3)梯田区应选在土质较好、坡度相对较缓、临近水源的地方。北方有条件的应考虑小型机械耕作和提水灌溉。南方应以水系和道路为骨架选择具有一定规模、集中连片的梯田区,梯田区特别是水稻梯田区规划还应考虑自流灌溉,自流灌溉梯田区的高程不应高于水源出水口的高程。

(4)梯田区还应考虑距村庄的距离、交通条件等,以方便耕作,有利于机械运输。

2.1.2.2　梯田类型的选择

(1)黄土高原地区坡耕地应优先采用水平梯田,土层深厚、坡角在 15°以下的地方,可利用机械一次修成标准土坎水平梯田(田面宽度约 10 m);坡角在 15°~25°的地方可修筑非标准土坎水平梯田(田面宽度小于 10 m),也可采用隔坡梯田,平台部分种农作物,斜坡部分植树或种草,利用坡面径流增加平台部分土壤水分。

(2)东北黑土漫岗区(坡角大于 3°、土层厚度不小于 0.3 m)和西北黄土高原地区(坡角不小于 8°、土层厚度不小于 0.3 m)的塬面及零星分布在河谷川台地上的缓坡耕地,宜采用水平梯田或坡式梯田。

(3)坡面土层较薄或坡度太大、坡面降雨量较少的地区,可以先修坡式梯田,经逐年向下方翻土耕作,减小田面坡度,逐步变成水平梯田。

(4)土石山区或石质山区,坡耕地中夹杂大量石块、石砾的,应就地取材,并结合处理地中石块、石砾,修成石坎梯田。西南地区,人多地少,陡坡地全面退耕困难,可以减少窄条石坎梯田。

2.1.2.3　梯田地块的规划

一般地块规划应满足以下几点要求:

（1）地块的平面形状，应基本上顺等高线呈长条形、带状布设。一般情况下，应避免梯田施工时远距离运送土方。

（2）根据地形条件，大弯就势，小弯取直，便于耕作和灌溉。黑土区及其他地面坡度平缓的区域，田块布置应便于机械作业。

（3）为充分利用土地资源，梯田田埂通常选种具有一定经济价值的植物，且应胁地效应较小。

（4）应配套田间道路、坡面小型蓄排引水工程等设施，并根据拟定的梯田等级配套相应灌溉设施。如果梯田有自流灌溉条件，则应使田面纵向保留 $1/300 \sim 1/500$ 的比降，以利行水，在某些特殊情况下，比降可适当加大，但不应大于 $1/200$。

（5）对于陡坡地区，梯田长度一般为 $100 \sim 200$ m，在此范围内，地块越长，机耕时转弯掉头次数越少，工效越高，若有地形限制，地块长度最好不要小于 100 m。陡坡梯田从坡脚到坡顶、从村庄到田间的道路规划，宜采用"S"形盘旋而上，以减小路面纵坡比降。路面纵坡坡度不超过 15%，在地面坡度超过 15% 的地方，可根据耕作区的划分规划道路，耕作区应四面或三面通路。路面宽 3 m 以上，道路应与村、乡、县公路相连。

（6）缓坡梯田区应以道路为骨架划分耕作区，在耕作区内布置宽面（$20 \sim 30$ m 或更宽）、低坎（1 m 左右）地埂的梯田，田面长 $200 \sim 400$ m，以便大型机械耕作和自流灌溉。耕作区宜为矩形，有条件的应结合田、路、渠布设农田防护林网。

（7）北方土石山区与石质山区的石坎梯田（如太行山区）规划，主要根据土壤分布情况划定梯田区，还应结合地形、下伏基岩、石料来源、土层厚度确定梯田的各项参数，原则上应随行就势，就地取材，田面宽度和长度不要求统一。

（8）南方土石山区与石质山区在梯田区划定后，应根据地块面积、用途、降雨和原有水源条件布设。南方土石山区梯田设计的关键是排水设施，在坡面的纵向、横向规划设计排水系统。排水系统应结合山沟、排洪沟、引水沟布置，出水口处应布设沉沙池，纵向沟坡度大或转弯处应酌情修建消力池。

2.1.2.4　梯田附属建筑物的规划

梯田规划过程中，对于附属建筑物的规划要十分重视。附属建筑物规划得合理与否，直接影响梯田建设的速度、质量、安全和生产效益。梯田附属建筑物的规划内容主要包括以下三个方面。

1. 坡面蓄水拦沙设施的规划

梯田区的坡面蓄水拦沙设施的规划内容包括"引、蓄、灌、排"的坑、凼、池、塘、埝等缓流拦沙附属工程。规划时既要做到各设施之间的紧密结合，又要做到与梯田建设的紧密结合。规划程序上可按"蓄引结合，蓄水为灌，灌余后排"的原则，根据各台梯田的布置情况，由高台到低台逐台规划，做到地（田）地有沟，沟沟有凼，分台拦沉，就地利用。其拦蓄量，可以拦蓄区内 $5 \sim 10$ 年一遇的一次最大降雨量的全部径流量加全年土壤侵蚀总量为设计依据。

2. 梯田区的道路规划

山区道路规划总的要求：一是要保证今后机械化耕作的机具能顺利地进入每一个耕作区和每一地块；二是必须有一定的防冲设施，以保证路面完整与畅通，保证不因路面径流而冲毁农田。

丘陵陡坡地区的道路规划,重点在于解决机械上山问题。道路的宽度、主干线路基宽度不能小于 4.5 m,转弯半径不小于 15 m,路面坡度不要大于 10%(水平距离 100 m,高差下降或上升 10 m)。个别短距离的路面坡度也不能超过 15%。田间小道可结合梯田埂坎修建。

山地道路还应该考虑路面的防冲措施,根据晋西测定的坡角为 5°~6° 的山区道路,每 100 m² 上产生年径流量为 6~8 m³,如果路面没有防冲措施,只要有一两次暴雨就可以冲毁路面,切断通道。所以,必须做好路面的排水、分段引水进地或引进旱井、蓄水池。

3. 灌溉排水设施的规划

梯田建设不仅控制了坡面水土流失,而且为农业进一步发展创造了良好的生态环境,并促使农田熟制和宜种作物的改进,提高梯田效益。在梯田规划的同时必须进行梯田区的灌溉排水设施规划。

梯田区灌溉排水设施的规划原则:一方面要根据整个水利建设的情况,把一个完整的灌溉系统所包括的水源和引水建筑、输水配水系统、田间渠道系统、排水泄水系统等工程全面规划布置;另一方面,由于梯田多分布在干旱缺水的山坡或山洪汇流的冲沟(古代侵蚀沟道)地带,常受到干旱或洪涝的威胁,因此梯田区灌排设施规划的另一个原则,就是要充分体现拦蓄和利用当地雨水的原则,围绕梯田建设,合理布设蓄水灌溉和排涝防冲及冬水梯田的改良工程。

灌排设施的重点:坡地梯田区以突出蓄水灌溉为主,结合坡面蓄水拦沙工程的规划,根据坡地梯田面积和水源(当地降水径流)情况,布设池、塘、埝、库等蓄水和渠系工程;冲沟梯田区,不仅要考虑灌溉用水,而且排洪和排涝设施也十分重要。冲沟梯田区的排洪渠系布设可与灌溉渠道相结合,平时输水灌溉,雨天排涝防冲。至于冲沟梯田区的排落空问题,由于多属土壤本身或地势低洼,所以为了节省渠道占地和提高排涝效果,可以采用暗渠或明渠结合工程的排涝设施。

2.1.3　水平梯田的设计

2.1.3.1　土坎梯田

1. 土坎梯田断面设计

(1)土坎梯田断面要素,如图 2-6 所示。

(2)各要素之间的关系如下:

田坎高度

$$H = \frac{B}{\cot\theta - \cot\alpha} \tag{2-1}$$

田面斜宽

$$B_i = \frac{H}{\sin\theta} \tag{2-2}$$

田坎占地

$$B_n = H\cot\alpha \tag{2-3}$$

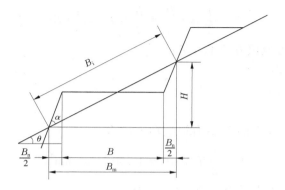

θ—地面坡角,(°);H—田坎高度,m;α—田坎坡角;B—田面净宽,m;
B_n—田坎占地宽,m;B_m—田面毛宽,m;B_i—田面斜宽,m

图 2-6　土坎梯田断面要素

田面毛宽

$$B_m = H\cot\theta \qquad (2\text{-}4)$$

田面净宽

$$B = B_m - B_n = H(\cot\theta - \cot\alpha) \qquad (2\text{-}5)$$

（3）土坎水平梯田断面的主要尺寸经验参考值见表 2-1。

表 2-1　土坎水平梯田断面的主要尺寸经验参考值

适应地区	地面坡角(°)	田面净宽(m)	田坎高度(m)	田坎坡角(°)
北方	1~5	30~40	1.1~2.3	70~85
	5~10	20~30	1.5~4.3	55~75
	10~15	15~20	2.4~4.4	50~70
	15~20	10~15	2.7~4.5	50~70
	20~25	8~10	2.9~4.7	50~70
南方	1~5	10~15	0.5~1.2	85~90
	5~10	8~10	0.7~1.8	80~90
	10~15	7~8	1.2~2.2	75~85
	15~20	6~7	1.6~2.6	70~75
	20~25	5~6	1.8~2.8	65~70

（4）机修梯田最优断面应满足机械施工、机械耕作及灌溉要求的最小田面宽度和保证梯田稳定的最陡坡度，以减少修筑工作量和埂坎占地。通常，缓坡地田宽 20~30 m、一般坡地田面宽 8~20 m、陡坡地田面宽 5~8 m 即可满足机械施工和耕作要求，黄土高原地区人工修筑的田坎安全坡角为 60°~80°。

2. 土坎梯田工程量的计算

（1）在挖填方相等时，挖、填方量计算公式为

$$V = \frac{1}{2} \times \left(\frac{H}{2} \times \frac{B}{2} \times L \right) = \frac{1}{8} HBL \qquad (2\text{-}6)$$

式中　V——梯田挖方或填方的土方量；

　　　L——梯田长度；

　　　H——田坎高度；

　　　B——田面净宽。

若面积以公顷计算，1 hm² 梯田的挖、填方量为

$$V = \frac{1}{8} H \times 10^4 = 1\ 250H\ (\mathrm{m^3/hm^2}) \qquad (2\text{-}7)$$

若面积以亩计算，1 亩梯田的挖、填方量为

$$V = \frac{1}{8} H \times 666.\ 7 = 83.\ 3H\ (\mathrm{m^3/\ 亩}) \qquad (2\text{-}8)$$

(2)当挖、填方相等时，单位面积土方运移量为

$$W = V \times \frac{2}{3} B = \frac{1}{12} B^2 HL \qquad (2\text{-}9)$$

式中　W——土方运移量，$\mathrm{m^3 \cdot m}$；

　　　其他符号意义同前。

土方运移量的单位为 $\mathrm{m^3 \cdot m}$，是一复合单位，即需将若干立方米的土方量运若干千米的距离。

若面积以公顷计算，1 hm² 梯田的土方运移量为

$$W = \frac{1}{12} BH \times 10^4 = 833.\ 3BH\ (\mathrm{m^3 \cdot m/hm^2}) \qquad (2\text{-}10)$$

若面积以亩计算，1 亩梯田的土方运移量为

$$W = \frac{1}{12} BH \times 666.\ 7 = 55.\ 6BH\ (\mathrm{m^3 \cdot m/\ 亩}) \qquad (2\text{-}11)$$

此外，田边应有蓄水埂，埂高 0.3~0.5 m，埂顶宽 0.3~0.5 m，内外坡比约为 1∶1，我国南方多雨地区，梯田内侧应有排水沟，其具体尺寸根据各地降雨、土质、地表径流情况而定，所需土方量根据断面尺寸计算。上述各式不包括蓄水埂。

【例 2-1】　某地修土坝水平梯田时，已知田面净宽为 30 m，田坎高度为 2 m，则每亩的挖方量为多少？

解：根据式(2-8)：

$$V = \frac{1}{8} H \times 666.\ 7 = 83.\ 3H = 83.\ 3 \times 2 = 166.\ 6\ (\mathrm{m^3/\ 亩})$$

【例 2-2】　已知土坎梯田田面净宽为 20 m，田坎高度为 3 m，则每公顷的土方运移量为多少？

解：根据式(2-10)：

$$W = \frac{1}{12} BH \times 10^4 = 833.\ 3BH = 833.\ 3 \times 20 \times 3 \approx 50\ 000\ (\mathrm{m^3 \cdot m/hm^2})$$

2.1.3.2　石坎梯田

设计石坎梯田时,田面宽度和田坎高度应考虑地面坡度、土层厚度、梯田级别等因素合理确定。田坎高度一般以 1.2~2.5 m 为宜。田坎顶宽度常取 0.3~0.5 m,当与生产路、灌溉系统结合布置时适当加宽,田坎外侧坡比一般为 1:0.1~1:0.25,内侧接近垂直。田坎基础应尽量置于硬基之上,当置于软基之上时,埋深不应小于 0.5 m。石坎梯田田埂高度 0.3~0.5 m,田坎高度加上田埂(蓄水埂)高即为埂坎高。修平后,后缘表层土厚应大于 30 cm。

1. 石坎梯田田面宽度

石坎梯田田面宽度按下式计算:

$$B = 2 \times (T - h)\cot\theta \tag{2-12}$$

式中　B——田面净宽,m;

　　　　T——原坡地土层厚度,m;

　　　　h——修平后挖方处后缘土层厚度,m;

　　　　θ——地面坡角,(°)。

2. 石坎梯田断面

石坎梯田断面主要尺寸经验参考值见表 2-2。

表 2-2　石坎梯田断面主要尺寸经验参考值

地面坡角(°)	田面净宽(m)	田坎高度(m)	田坎坡角(°)	土方量(m³/hm²)
10	10~12	1.9~2.2	75	2 370~2 745
10	10~12	1.8~2.1	85	2 250~2 625
15	8~10	2.3~2.9	75	2 880~3 630
15	8~10	2.2~2.7	85	2 754~3 375
20	6~8	2.4~3.2	75	3 000~4 005
20	6~8	2.3~3.0	85	2 880~3 750
25	4~6	2.1~3.2	75	2 625~4 005
25	4~6	1.9~2.9	85	2 370~3 630

注:本表主要适用于长江流域以南地区,北方土石山区或石山区可参考使用。

石坎梯田断面示意图见图 2-7。

2.1.3.3　坡式梯田

坡式梯田的设计任务是:根据能全部拦蓄设计频率暴雨地面径流的要求,确定等高沟埂间距,合理选择等高沟埂的断面尺寸。

1. 确定等高沟埂间距

每两条沟埂之间斜坡面长度称为等高沟埂间距,如图 2-8 中的 B_x,由地面坡度、降雨、土壤渗透性等因素确定。每两条沟埂之间的斜坡田面应有足够的宽度,以满足耕作要求。一般情况下,地面坡度越陡,沟埂间距越小,地面坡度越缓,沟埂间距越大;雨量和强度大

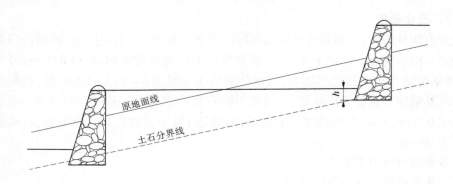

图 2-7　石坎梯田断面示意图

的地区沟埂间距小,雨量和强度小的地区沟埂间距大;土壤颗粒中含沙粒较多、渗透性较强的土壤,沟埂间距大些;土质黏重,渗透性较差的土壤,沟埂间距小些。确定沟埂间距时,可参考当地水平梯田断面设计的 B_x 值,并考虑坡式梯田经过逐年加高土埂,最终变成水平梯田时的断面,应与一次修成水平梯田的断面相近。

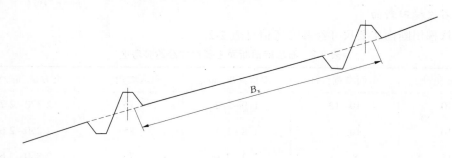

图 2-8　坡式梯田示意图

2.确定等高沟埂断面尺寸

等高沟埂断面尺寸设计应满足以下要求:一般情况下,埂高 0.5~0.6 m,埂顶宽 0.3~0.5 m,外坡坡比约 1:0.5,内坡坡比约 1:1(见图 2-9)。沟与埂的断面应相同,以保证填挖土方平衡。降雨量为 250~800 mm 的地区,田埂土方量应满足拦蓄与梯田级别对应的设计暴雨所产生的地表径流和泥沙。降雨量大于 800 mm 的地区,土埂不能全部拦蓄,应结合坡面小型蓄排工程,妥善处理多余的径流和泥沙。

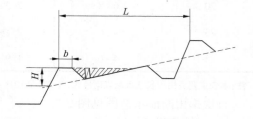

图 2-9　坡式梯田断面示意图

沟埂的基本形式应采取埂在上、沟在下,从埂下方开沟取土,在沟上方筑埂,以有利于通过逐年加高土埂,使田面坡度不断减缓,最终变成水平梯田。当土埂上方由于泥沙淤积导致容量减小时,应及时从下方取土加高土埂,保持初修的尺寸和容量。

2.1.3.4　隔坡梯田

隔坡梯田的设计任务是根据地面坡度与暴雨径流,合理确定梯田的断面尺寸和斜坡宽度。设计时应考虑两方面的要求:一是自然山坡面应保持一定宽度,为其下坡的梯田提供一定的地面水量;二是梯田地埂能拦蓄自然坡面与梯田面承接的全部设计频率降雨径流。

1. 承流面与产流面比值(η)的计算

隔坡梯田具有一定的集流面积,存在着淤积与防洪的问题。从保证梯田安全考虑,具有一定拦蓄能力的梯田(承流面)面积,要和具有一定产流能力的隔坡段(产流面)面积保持一个相对合理的比例数值(η),使梯田在工程有效期内能够拦蓄一定设计频率的暴雨径流和历年累计泥沙的淤积量。兰州水土保持科学试验站提出确定 η 值的关系式如下:

$$\eta = \frac{h_b}{h_a N + h_1 \varphi} \tag{2-13}$$

式中　h_a——产流面年侵蚀深,mm;

　　　h_b——梯田设计拦蓄深,mm;

　　　h_1——设计频率 2 h 降雨深(按《水土保持综合治理 技术规范 坡耕地治理技术》(GB/T 16453.1—2008)取 10 年一遇 24 h 降雨进行设计),mm;

　　　φ——径流系数;

　　　N——工程有效年限(按 5 年计算);

　　　η——承流面与产流面的比值。

2. 隔坡梯田断面设计

(1)田坎高度(H_1)。由图 2-10 可知:

$$H_1 = \frac{1}{2} \times \frac{B}{\cot\alpha - \cot\beta} \tag{2-14}$$

式中　B——隔坡梯田田面净宽,m;

　　　α——原地面坡角,(°);

　　　β——田坎外侧坡角,(°)。

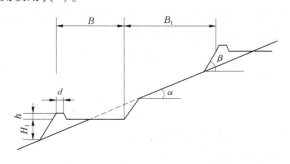

图 2-10　隔坡梯田断面

隔坡梯田的田坎全部为回填土,土壤较疏松,外侧坡度较水平梯田田坎外侧坡度缓,一般坡角为 45°~63°。

(2)田面净宽(B)。田面净宽可用下式计算:

$$B = 2H_1(\cot\alpha - \cot\beta) \tag{2-15}$$

（3）田埂高度（h）。隔坡梯田的田埂高度，要能够满足拦蓄承流面与产流面上设计频率降雨径流，以及设计使用年限内的全部泥沙淤积的要求。由下式计算：

$$h = (1 + \eta)h_1\varphi + \eta h_a N + \Delta h \tag{2-16}$$

式中　Δh——安全超高，一般为 0.1~0.15 m；

　　　其余符号意义同前。

式中的 η 值还可采用经验数据，如山西省，当原坡面坡角小于 10°时，η 值取 2；当原坡面坡角为 10°~25°时，η 值取 3。

（4）隔坡段宽度（B_1）。隔坡梯田的隔坡段宽度可用下式计算：

$$B_1 = \eta B \tag{2-17}$$

2.2　坡面蓄水工程

2.2.1　蓄水池

蓄水池是在坡面挖坑或在洼地筑埝，用以拦蓄地表径流和泉水的小型坡面蓄水工程。蓄水池一般布设在坡脚或坡面局部低洼处，或专门配套修建有集流场，与排水沟的终端相连，容蓄坡面排水或集流场集流。蓄水池一般修建在坡地上，容积 100~1 000 m³。

蓄水池的分布与容量，根据坡面径流总量、蓄排关系和工程量及使用方便等，因地制宜地具体确定。一个坡面的蓄排引水工程系统可集中布设一个蓄水池，也可分散布设若干个蓄水池，单池容量从数百立方米到数万立方米不等。蓄水池的位置，应根据地形、岩性、蓄水容量、工程量、施工是否方便等条件具体确定。

2.2.1.1　蓄水池设计

1. 蓄水池的容量设计

蓄水池除具有拦蓄上游径流、泥沙及防止水土流失的作用外，还可储蓄水量用于灌溉。所以，蓄水池的容量设计，一般按其所承担的主要任务分别采用以下两种方法。

（1）按蓄水拦沙、防止水土流失要求设计：设计时，应使蓄水池容积（V）大于或等于上游设计降雨径流量与泥沙总淤积量（W）之和，即

$$V \geqslant W \tag{2-18}$$

上游泥沙、径流总量可用下式计算：

$$W = \frac{(h_1\varphi + h_2 n)F}{0.8} \tag{2-19}$$

式中　h_1——设计频率为 24 h 的最大暴雨量，mm；

　　　h_2——土壤年侵蚀深度，m；

　　　φ——径流系数，采用当地经验值；

　　　n——淤积年限，$n=5$~10 年；

　　　F——集水面积，m²。

蓄水池按不同形状（如圆柱形、矩形、锅形等）计算出具体尺寸并满足条件 $V \geqslant W$。

（2）按储蓄水量，用于灌溉要求设计：设计时，应满足农田灌溉蓄水量，同时满足蓄水拦沙的要求。

灌溉农田蓄水容积按下式计算：

$$V_1 = \frac{\sum A_i M_i}{\eta} + nh_2 \tag{2-20}$$

式中　V_1——灌溉需要的蓄水池容积，m^3；

　　　A_i——某作物种植面积，亩；

　　　M_i——一次最大需水量，旱作物按 $M_i = 60 \sim 70\ m^3$，水稻按泡田期用水计 $M_i = 145 \sim 155\ m^3$；

　　　η——池水有效利用系数，$\eta = 0.7 \sim 0.8$。

其余符号意义同前。

蓄水池宜修建在水源充足的村边、路旁、洼地和沟头上部等地方，以满足有利于引水入池和自流灌溉的要求，同时蓄水池不宜靠近陡坎、切沟，以防止渗水造成沟坎倒塌，一般最小距离应大于 2~3 倍的沟坎深度。

2. 蓄水池辅助工程设计

蓄水池辅助工程有进水口、溢洪口、引水渠、取水台阶等。石料衬砌的蓄水池，在衬砌中应专设进水口与溢洪口；对土质蓄水池的进水口和溢洪口，应进行石料衬砌。一般口宽40~60 cm，深 30~40 cm，并用矩形宽顶堰流量公式校核过水断面，即

$$Q = M\sqrt{2gb}\,h^{\frac{3}{2}} \tag{2-21}$$

式中　Q——进水（溢洪）最大流量，m^3/s；

　　　M——流量系数，采用 0.35；

　　　g——重力加速度，取 9.81 m/s^2；

　　　b——堰顶宽（口宽），m；

　　　h——堰顶水深，m。

当蓄水池进口不是直接与坡面排水工程终端相连时，应布设引水渠，其断面与比降可参照坡面排水工程的要求设计。取水台阶多用条石干砌或浆砌，台阶的宽度及高度以方便上下取水为宜。

3. 蓄水池结构设计要求

蓄水池结构设计除满足蓄水工程设计要求外，尚应考虑下列要求：

（1）荷载组合：不考虑地震荷载，只考虑蓄水池自重、水压力和土压力。

（2）应按地质条件推求容许地基承载力，如地基的实际承载力达不到设计要求或地基会产生不均匀沉陷，则必须先采取有效的地基处理措施才可修建蓄水池。

（3）蓄水池的基础是非常重要的，尤其是湿陷性黄土地区，如有轻微渗漏，则危及工程安全。当地基土为弱湿陷性黄土时，池底应进行翻夯处理，翻夯深度不小于 5 cm；当地基土为中、强湿陷性黄土时，应加大翻夯深度，采取浸水预沉等措施处理。

（4）蓄水池应设护栏，护栏应有足够强度，高度不低于 1.1 m。

2.2.1.2　蓄水池工程的施工与管理

蓄水池工程在进行开挖施工时，要及时检查开挖尺寸是否符合设计要求，对于需做石

料衬砌的部位,开挖尺寸应预留石方衬砌位置。池底如有裂缝或其他漏水隐患等问题应及时处理,并做好清基夯实,然后进行石方衬砌。石方衬砌要求料石(或较平整的块石)厚度不小于 30 cm,接缝宽度不大于 2.5 cm,同时做到砌石顶部要平,每层铺砌要稳,相邻石料要靠得紧,缝间砂浆要灌饱满,上层石块必须压住其下一层石块的接缝。

蓄水池修成后,每年汛后和每次较大暴雨后,都要对其进行全面检查,当发现有渗漏或淤积严重时,要及时查明原因,防渗堵漏、清除淤积,确保蓄水池拦蓄安全。为了减少蓄水池水面蒸发,还可以在池四周种植经济价值较高的树木,但应选好树种和栽植方式,防止树根破坏衬砌体和引起池底漏水。

2.2.2　水窖

水窖又叫旱井,是修建于地面以下并具有一定容积的蓄水建筑物。水窖由水源、管道、沉沙池、过滤池、窖体等部分组成。

在干旱的丘陵和高原地区,在庭院、路旁修筑水窖,把雪水、雨水就地蓄存起来,用以解决人畜用水;而在干旱雨量集中的水土流失区,在田间路旁和林草荒坡下修筑水窖,拦蓄径流,减少水土流失,可供作物点浇抗旱播种。它的优点是投资小,受益快,工程简易,只要管理得好,使用年限很长。

甘肃省在全区大面积地实施"121"雨水集流工程,即在一无地表水、二无地下水的干旱山区,每个农户建成 100 m² 左右的集流场,配套蓄水窖 2 眼,发展一处庭院经济,以解决人畜饮水困难和增加农村经济收入,实施该工程,已经取得了巨大的社会生态效益和经济效益。在此基础上,又成功地实现了集雨形式的转移,即向路面、荒坡、沟岔、山头实施综合集流,发展集雨灌溉农业,更大限度地控制地表径流,改善农业生产条件。

2.2.2.1　水窖的类型

水窖可分为井窖、窑窖、竖井式圆弧形混凝土水窖和隧洞形或马鞍形浆砌石水窖等形式。井窖是其应用最为广泛的一种类型,按圆形断面,可分为圆柱形、瓶形、烧杯形、坛形等。在黄土区,其防渗材料可采用水泥砂浆抹面、黏土或现浇混凝土。岩石地区水窖一般为矩形宽浅式,多采用浆砌石砌筑。另外,根据形状和防渗材料,水窖又可分为黏土水窖、水泥砂浆薄壁水窖、混凝土盖碗水窖、砌砖拱顶薄壁水泥砂浆水窖等。

水窖类型主要根据当地地质、建筑材料、用途等条件选择,可根据实际情况采用修建单窖、多窖串联或并联运行使用,以发挥其调节用水的功能。

图 2-11 是一种井窖,包括井筒、扩散段、窖身、窖底、散盘、沉沙池、进水管等七个组成部分。

井筒是指从井口至扩散段的竖直部分。井筒直径不易过大,在施工时能容一人上下出入即可,一般为 0.6 m 左右。井筒的长度,随土质好坏和扩散段的形状而稍有差异,一般为 1~2 m。土质好,其井筒可短些;土质松软不良,井筒宜长些。采用抛物面形扩散段的大型水窖,其井筒应长一些;采用圆锥面扩散段的小型水窖,井筒宜短些。

扩散段介于井筒和井身之间,起扩大作用。扩散段与井身连接处,水窖直径最大,称为散盘。扩散段一般为圆锥面,其高为 3.0~4.0 m,散盘直径为 3.0~4.5 m。在土质坚硬的地方,施工技术水平高时,可把扩散段修成抛物面形,如倒置的铁锅。散盘直径可取 5~

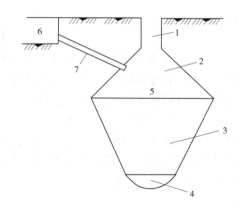

1—井筒;2—扩散段;3—窖身;4—窖底;5—散盘;6—沉沙池;7—进水管

图 2-11　井窖

6 m。这种形式的水窖省工,坚固、耐久且容量大。

窖身是盛水部分,一般为上大下小的圆截锥体,介于散盘与窖底之间。在土质坚硬的地方,亦可修成上、下断面一致的圆截锥体。井窖的最下部为窖底,一般修成下凹的曲面;也可修成平面,其直径为 1~3 m。

2.2.2.2　水窖的规划与设计

修建水窖要根据年降水量、地形、集雨坪(径流场)面积等条件因地制宜地进行合理布局。规划要结合现有水利设施,建设高效能的人畜饮水、旱地灌溉或两者兼顾的综合利用工程。

水源高于供水区的,采取蓄、引工程措施;水源低于供水区的,采取提、蓄工程措施;无水源的采取建塘库、池窖,分散解决的工程措施。

1. 水窖的规划原则

(1)在有水源保证的地方,修建水窖以分配或调节用水量,根据地形及用水地点,修建多个水窖,用输水管(渠)串联或并联运行供水。

(2)在无水源保证的地方,可修建容积较大的水窖,其蓄水调节能力,一般应满足当地 3~4 个月的供水。

2. 水窖的设计

1)设计原则

(1)因地制宜,就地取材,技术可靠,保证水质、水量,节省投资。

(2)充分开发利用各种水资源(包括现有水利设施),使灌溉与人畜饮水结合。

(3)要防止冲刷,确保工程安全。

(4)为了调节水源,可将水窖串联联合运行。

供饮水的水窖,一般要求人均 3~5 m³,兼有水浇地任务的是人均 5~7 m³,以 1 户 1 窖或 3~5 户联窖为宜。

2)工程布置原则

(1)以饮用水为主的窖池,应远离污染源。

(2)水源地或调节池应置于高位点,以便自压供水。

（3）应避开不良地质地段。

3）水源工程

水窖的水源有雨水、库水、泉水、裂隙水、河水、渠水及提水入窖(池)等。

（1）雨水作为水窖水源,在没有地表水源的情况下,直接拦蓄雨水时,需要有集雨坪、汇流沟等水源配套工程。此项工程可利用现有的房屋、晒坝(坪)、冲沟、道路等集水,也可修建集雨坪、集雨池、拦山沟等工程拦截雨水,汇流入窖。

①集雨坪位置的选择:根据地形情况,集雨坪的位置应选定在高于水窖进水口 1 m 以上。集雨坪的面积可利用自然的山坡,修建一定长度的拦水沟。将一定面积内的雨水拦入水窖;也可人工平整土地,水泥砂浆抹面防渗。

②集雨坪面积的计算:

云南巧家县采用以下公式计算:

$$F = \frac{V}{0.8W/1\ 000} \tag{2-22}$$

贵州省毕节地区采用以下公式计算:

$$F = \frac{V'}{\alpha W/1\ 000} \tag{2-23}$$

式中　F——集雨坪有效集水面积,m^2;

　　　V——水窖的有效容积,m^3;

　　　V'——水窖年蓄水量,m^3;

　　　W——年均降水量,mm,可查《水文手册》;

　　　α——降雨(径流)利用系数,对于透水平坦地面取 0.3,对于不透水山坡取 0.5~0.6,而人工集雨坪取 0.8。

③集水池:在集雨坪面积较大、拦截雨水较多的情况下,应在集雨坪下方建一个集水池。

集水容积建议用下式计算:

$$V'_{g} = \left(\frac{1}{3} - \frac{1}{5}\right) W' \tag{2-24}$$

$$W' = \frac{\alpha F H_{24}}{1\ 000} \tag{2-25}$$

④拦山沟:利用天然山坡作为集雨坪时,在山坡的下方应挖凿拦截雨水的拦山沟。拦山沟的过水断面,应根据过水流量计算确定,始端断面可稍小,随着拦截降雨面积(水量)的增大可逐步加大。考虑山坡陡峻水土流失等对拦山沟的淤塞和冲刷,拦山沟的过水断面应比计算断面大 50%左右。

（2）库水作为水窖水源,水库就是水窖的调节池、沉淀池。水库的水通过管、渠进入水窖。

（3）泉水、裂隙水、河水作为水窖水源,在水源处修建一集水池或取水口,将水集中起来,通过输水管或暗(明)渠进入水窖。

①集水池(进水池)的形状要因地制宜,原则是把分散的水源水量尽量收集到池内,

可经过一定的沉淀,排除漂浮物,引用清洁水源。

②集水池窖大小的确定,主要根据来水量(水源)和供水量(引用)情况,以满足有一定的沉沙、调节能力,节省投资为原则。

(4)渠水作为水窖水源,一般来说,渠水水源均能满足水窖对水量的要求,作为饮用水,混浊度小于10°的可不考虑过滤设施,这样进水池和沉沙池可合二为一。

(5)输配水工程的作用是将水源水输入水窖(池),由水窖(池)最后分配到用水点。该工程一般可位于净化设施之后,也可位于净化设施之前。一般采取暗渠、陡坡、管道三种形式输水。应注意防止水质污染,避免水量损失。

(6)净化设施利用自然山坡汇集雨水,必须经沉沙过滤后方能进入水窖。沉沙池的结构视集雨坪面积的大小而定。过滤池下方应设一集水沟,再用管道送入窖内。

3. 水窖总容积的确定

水窖总容积是水窖群容积的总和,应与其控制面积相适应。如果来水量不大,可设 1~2 个水窖;如果来水量过大,则应修水窖群拦蓄来水。水窖群的布置形式有以下几种:

(1)梅花形水窖群(见图 2-12):将若干水窖按梅花形布置成群,用暗管连通,从中心水窖提水灌溉。

(2)排子形水窖群(见图 2-13):这种水窖群布置在窄长的水平梯田内,顺等高线方向筑成一排水窖群,窖底以暗管连通,在水窖群的下一台梯田地坎上设暗管直通窖内,窖水可自然灌溉下方农田。

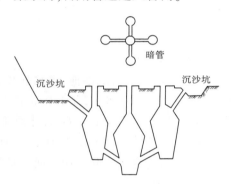

图 2-12　梅花形水窖群布置示意图

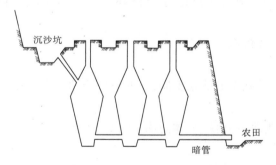

图 2-13　排子形水窖群布置示意图

为了就地拦蓄坡面径流,减少流水的位能损失,增加自流灌溉的面积,应使窖群均匀地分布在坡面上,而不是在坡面下部。

1)水窖来水量的计算

$$W = Fh_1\varphi \tag{2-26}$$

式中　W——来水量,m^3;

　　　F——集水面积,m^2;

h_1——设计频率 24 h 降雨量,mm;

φ——径流系数。

2)水窖容积的计算

$$V = \frac{H}{3}(S_1 + S_2 + \sqrt{S_1 S_2}) \tag{2-27}$$

式中 V——水窖体积,m³;

　　H——水窖最大蓄水深度,即散盘至窖底垂直距离,m;

　　S_1——在散盘处水窖的截面面积,m²;

　　S_2——窖底底面面积,m²。

3)水窖数量的计算

$$n = \frac{W}{V} \tag{2-28}$$

4. 水窖辅助工程

水窖辅助工程有沉沙池、进水管及消力设施等。沉沙池大小应由来水量大小而定,一般长 1.5~2 m,宽 1.5 m,深 1.0 m,距窖口 2~3 m。进水管直径 0.1~0.2 m,首端与沉沙池连接,管口应高出池底 0.6 m,并设置拦污栅,防止杂草进入管内堵塞管道。末端从散盘通入水窖,并伸出井壁 0.2~0.3 m,使水舌射向窖底。窖底铺设石板或铺 0.1~0.3 m 厚的三合土,并夯实。井口用砖或石砌筑井台,高出地面 0.3~0.5 m,并加盖。

5. 窖址的选择

窖址选择时应满足以下条件:有足够的水源和深厚而坚硬的土层,水窖一般应设在质地均匀的土层上,以黏性土壤最好,黄土次之;在石质山区,多利用现有地形条件,在无泥石流危害的沟道两侧的不透水基岩上,加上修补,做成水窖;应选在便于人畜用水和灌溉农田的部位。

2.2.2.3 水窖的施工和管理

1. 水窖的施工

水窖的类型不同,其施工方法也不同,下面分别介绍几类常见水窖的施工方法。

1)土窖的施工

土窖施工程序分为窖体开挖、窖体防渗、窖口砌筑等。

(1)窖体开挖。

采用敞口式,人工或机械开挖窖体,开挖应先中心后四周逐步调整。窖址和窖型尺寸选定后,先开挖旱窖部分,在窖址铲去表土,确定中心点,在地面上画出窖口尺寸,然后从窖口开始,按照各部分设计尺寸垂直向下挖,并在窖口处吊一中心线(人工开挖),或在开挖边缘外侧相对设定位桩(机械开挖),每挖深 1 m,校核一次,以防挖偏。机械开挖时,在开挖界与成型界之间应留有界线,坯体挖好后,用人工修整至成型设计尺寸。当开挖深度达到旱窖深度(3.5~4.0 m),中径要达到设计直径,并用垂线从窖口中心向下坠,严格检查尺寸,防止窖体偏斜;窖体部分开挖,同样要先从中心点向四周扩展,并按窖体防渗设计要求设置码眼和圈带。窖体开挖尺寸应包括窖体防渗层厚度。窖体挖成后,要进行检查,直至合格。在窖体开挖完成后还需开挖供钉胶泥用的码眼。码眼在窖壁呈"品"字形分布,上下左右眼距各约 2 cm,口径 5~8 cm,深 10~15 cm,眼深略向下方倾斜。

(2)窖体防渗。

①红胶泥防渗:窖体按设计尺寸开挖后,防渗处理前要清除窖壁浮土,并洒水湿润。将红胶泥打碎、过筛、浸泡、翻拌、铡剁成面团状后,制成长约 18 cm、直径 5~8 cm 的胶泥钉和直径约 20 cm、厚 5 cm 的胶泥饼,将胶泥钉钉入码眼,外留 3 cm,然后将胶泥饼用力摔到胶泥钉上,使之连成一层,红胶泥不够时可另外加少量红胶泥,保证红胶泥厚度达到3 cm,再用木锤打密实,使之与窖壁紧密结合,并逐步压成窖体形状,表面坚实光滑。窖底防渗是最重要的一环,要严控施工质量。处理窖底前,先将窖底原状土轻轻夯实,以防止底部发生不均匀沉陷。窖底红胶泥厚 30 cm,分两层铺筑,夯实整平,并要使窖底和窖壁胶泥连成一整体,且连接密实。然后窖底用水泥砂浆抹面,厚 3 cm。

②水泥砂浆防渗:砂浆厚 3 cm,分 3 次或 2 次漫壁,砂浆比例分别为 1:3.5、1:3、1:2.5。在抹第一遍水泥砂浆时把水泥砂浆用力压入码眼,经过 24 h 后,再进行下一遍水泥砂浆抹面。工序结束一天后,用 42.5 级水泥加水稀释成防渗浆,从上而下刷 2 遍,完成刷浆防渗。窖底在铺筑 30 cm 胶泥夯平整实后,完成水泥砂浆防渗。全遍工序完成后封闭窖口超 24 h,洒水养护 14 d 左右即可蓄水。为了提高防渗效果,可在水泥中加防渗剂(粉),用量为水泥用量的 3%~5%,在最后一次漫壁和刷水泥浆时掺入使用,防渗效果显著。

(3)窖口砌筑。

窖口用砖浆砌或块石砌筑,并用水泥砂浆勾好缝,再将盖板安装好。盖板可用上锁木盖板或混凝土预制盖板。为了便于管理,应在水窖盖板上编写编号、窖的主要尺寸(如深度、直径)、蓄水量、窖深、编号、施工年月、乡村名称等。

2)水泥砂浆薄壁水窖的施工

水泥砂浆薄壁水窖的形状近似坛式酒瓶,窖体组成和前述土窖相同,它比瓶式土窖缩短了旱窖部分深度,加大了水窖中部直径和蓄水深度,其施工工序和施工方法与采用水泥砂浆防渗的土窖基本相同,只是窖体要全面进行防渗处理。窖盖用混凝土预制时,可以与窑体开挖同时进行,按设计要求预制,用 C15 混凝土,厚 8 cm,直径略比窖口大,并按要求布设提水设备预留孔。窖壁防渗与土窖采用水泥砂浆防渗的设计要求相同,不同之处是旱窖部分亦做水泥砂浆防渗,其水泥砂浆强度等级不宜低于 M10,厚度不宜小于 3 cm。窖底用红胶泥或三七灰土铺筑或原土翻夯,厚度 30 cm,再用水泥砂浆防渗。窖台用砖浆砌成或用混凝土预制窖圈。

3)混凝土顶拱水泥砂浆薄壁水窖的施工

窖体由窖颈、拱形顶盖、水窖窖筒和窖基等部分组成。

其施工工序分为窖体开挖、窖壁防渗、混凝土顶拱施工和窖基处理等。

(1)窖体开挖和窖壁防渗与水泥砂浆薄壁水窖相同,窖颈为预制混凝土管或砖砌成并预留安放进水管孔。

(2)混凝土顶拱施工:当采用大开口法施工时,可先开挖水窖部分窖体,布设码眼,进行水泥砂浆防渗,待窖顶下窖筒竣工后,再进行混凝土顶拱施工,即先建好脚手架,在窖壁上缘做内倾式混凝土裙边,安装模板,清除窖顶浮土,洒水湿润,墁一层水泥砂浆后即可浇筑 C15 混凝土。当拱顶土质较差时,要设置一定数量的拱肋,以提高混凝土顶拱强度。

混凝土顶拱水泥砂浆薄壁水窖的顶拱下水窖形状为圆柱形或水缸形,没有了水泥砂浆薄壁水窖的旱窖部分的倒坡土体部分,窖体稳定性好,避免了窖体内土体塌方和施工不安全因素。

(3)窖基处理:水窖底基土应先进行翻夯,其上宜填筑厚 20~30 cm 的三七灰土或采用厚 10 cm 的现浇混凝土。此外,可以吸取传统黏土窖的经验,在窖壁上设砂浆短柱以加强砂浆与底基土层的结合。采用圈梁和砂浆短柱(砂浆铆钉或码眼)的混凝土顶拱和带砂浆铆钉的水泥砂浆薄壁水窖。

4)砖砌拱顶素混凝土窖的施工

素混凝土窖施工工序分为窖体开挖、窖底和窖壁混凝土浇筑、砖砌窖顶施工、窖体水泥砂浆抹面防渗、窖口和窖台砌筑等,其中除窖体混凝土浇筑和砖砌窖顶施工外,其他工序与窖底为混凝土的水泥砂浆薄壁水窖施工方法基本相同。

(1)窖底混凝土浇筑:窖体开挖后,在窖坯体底部洒水湿润,在窖底平铺一层厚度为 0.01~0.02 mm 的塑料薄膜,主要起保护混凝土水分和防渗作用,素混凝土平铺厚度为 10~15 cm,捣实后 3~4 h 进行窖壁浇筑。

(2)窖壁混凝土浇筑:采用分层支架模板、现场连续浇筑的方法施工。窖壁浇筑最大限高为 1.5 m,沿窖壁浇筑区分层装订好塑料薄膜(厚 0.01~0.02 mm),高度为浇筑分层高加 0.1 m 的超高。支架好分层圆柱形钢模板,其外径即设计的窖内径坯体直径。钢模板为 2 块或 4 块组装体。模板外缘与窖壁塑料薄膜间距为 10~15 cm,即进行素混凝土浇筑。捣固结束 210 min 后,即可重复以上工序进行第二层的施工,直到完成整个窖壁的连续浇筑。

(3)砖砌窖顶施工:建好施工脚手架,在已完成施工的素混凝土窖壁上缘做内倾式混凝土裙边,宽不小于 25 cm,表面内倾角 15°左右。其上用黏土泥坐浆砌砖裙,单宽 12 cm。之后,在砖裙上用单层砖砌筑球冠形窖顶。砌体厚度为 6 cm。在距窖顶面约 50 cm 处预埋进水管,砌筑方法是沿砖裙一圈一圈地收口式砌筑,在距窖顶面约 50 cm 处预埋进水管。

若砖砌窖顶改为混凝土窖顶,则全断面采用混凝土水窖。

窖筒的窖底和窖壁采用素混凝土防渗,防渗厚度为 10~15 cm,混凝土浇筑后,再用水泥砂浆抹面,加强窖体的防渗。砖砌窖顶内外两侧亦采用 2~3 cm 厚的水泥砂浆抹面防渗。

2. 辅助工程的施工

窖口处用砖或块石砌台,高出地面 30~50 cm,并设置能上锁的木板盖;有条件的可在窖口设手压式抽水泵。沉沙池与进水管连接处设置铅丝网拦污栅,防止杂物流入。进水管还应伸进窖内,管口出水处设铅丝篷头,防止水流冲坏窖壁。

　3. 水窖的管理

　　水窖修成后应及时放入适当的水。正式蓄水取水时,不能将水取尽,防止窖壁窖底干涸裂缝。暴雨中收集地表径流时,应有专人现场看管,窖中水位不能超过设计的蓄水高度,防止井筒、扩散段(旱窖部分)蓄水泡塌。窖口盖板应经常盖好锁牢,防止杂物掉入或人畜跌进,以保证卫生和安全。

2.3　坡面防洪截排水工程

2.3.1　水平沟工程

　　水平沟是沿等高线布设的一种坡面防护及整地设施,沟的断面呈梯形,由半挖半填的方式修筑而成,沟内侧挖出的生土用于外侧作埂,树苗栽植于沟埂内侧。沟间距和沟埂的具体尺寸,一般根据坡面暴雨径流和造林行距确定。通常情况下,水平沟底宽 0.5~0.7 m,沟深 0.5~0.7 m,边坡 1:1(见图 2-14)。

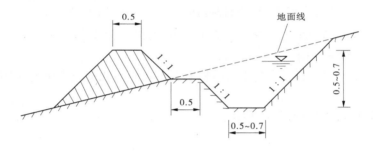

图 2-14　水平沟示意图　(单位:m)

　　在坡地上沿等高线修筑,开沟截水和植树种草以防水土流失的措施称为水平沟。水平沟以分散拦蓄林地、荒坡、耕地等坡面地表径流为主要目的,沟底用来拦截坡地上游降雨径流,使其变为土壤水。水平沟的设计和修筑需依据坡面坡度、土层厚度、土质和设计雨量而定,其原则是:水平沟的沟距和断面大小,应以保证设计频率暴雨径流不致引起坡面水土流失。坡陡、土层薄、雨量大,沟距应小些;反之可大些。坡陡,沟深而窄;坡缓,沟浅而宽。一般,山坡平缓时,沟间距为 5~17 m,山坡较陡时,沟间距为 4~10 m(雨量大取小值);沟深 0.5~1.0 m,沟面宽为 8~1.2 m,沟底宽为 0.4~0.8 m。为防止山洪过大冲坏地埂,每隔 5~10 m 设置泄洪口,使超量的径流导入山洪沟中。为使雨水在沟中均匀,减少流动,每隔 5~10 m 留一道土挡,其高度为沟深的 1/3~1/2,其目的是使沟内分段蓄水,当沟底不水平时,蓄水也能较均匀地下渗。

2.3.1.1　水平沟设计

　　水平沟的设计主要是计算沟的间距、断面面积和断面尺寸。水平沟的断面形式有两种:一种是半挖半填的梯形断面;另一种是为了多拦蓄水量,而将土埂向下移动一定距离的复式断面。

1. 水平沟间距设计

径流在坡面上流动,其流速随着流线延伸而加大。当流速达到引起坡面土壤发生冲刷的最小速度时,称为临界流速;与临界流速相应的流线长(坡长)称为临界坡长。很明显,若要防止水平沟的沟间坡面不发生径流冲刷现象,则必须使沟间距满足下式要求:

$$L \leqslant L_k \cos\alpha \tag{2-29}$$

式中　L——水平沟间距,m;

　　　L_k——临界坡长,m;

　　　α——地面坡角,(°)。

临界坡长(L_k)可用考斯加可夫临界流速公式计算:

$$v_k = \lambda \sqrt{C\varphi I L_k} \tag{2-30}$$

由式(2-30)可得水平沟最大允许间距:

$$L \leqslant L_k \cos\alpha = \frac{v_k^2}{\lambda^2 C\varphi I}\cos\alpha \tag{2-31}$$

式中　v_k——土壤发生冲刷侵蚀作用的临界流速,m/s;

　　　λ——流速系数,根据地形切割程度而定,其值一般为 1~2;

　　　C——谢才系数,$C = 7\sqrt{i} \sim 30\sqrt{i}$,$i$ 为山坡坡度,以小数计;

　　　I——设计频率降雨强度,mm/min。

临界流速是个试验数值,它与土坡结构有关。我国西北黄土高原地区,临界流速可取 0.16 m/s。

水平沟间距示意图如图 2-15 所示。

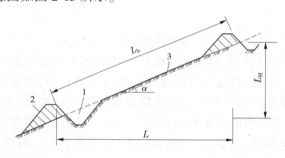

1—沟;2—埂;3—坡面
图 2-15　水平沟间距示意图

2. 水平沟断面设计

1)水平沟断面面积计算

水平沟的蓄水容积要满足能拦蓄沟上方受水面积内设计频率最大 24 h 降雨径流量的条件,若沿沟长方向取 1 m 长度计,则推导如下:

假设水平沟的蓄水容积为 V,水平沟断面面积为 A,则单位长度水平沟容积为

$$V = A \tag{2-32}$$

再假设沟上方受水面积为 F,沟间距为 L,则

$$F = L \times 1 \tag{2-33}$$

设计频率 24 h 最大降雨径流量为 W,则

$$W = Kh_1\varphi F \tag{2-34}$$

由于 $V = W$,则可导出:

$$A = Kh_1\varphi L \tag{2-35}$$

式中 K——安全系数,一般采用 1.2;

  h_1——设计 10 年一遇 24 h 降雨量,mm;

  φ——径流系数,采用当地经验值;

  L——水平沟间距,m。

2)水平沟断面尺寸设计

在求得水平沟断面面积后,应根据所设计的断面形式计算沟的断面尺寸。蓄水沟的断面尺寸包括沟深、沟底宽、沟边坡度,以及土埂的高度、顶宽和边坡坡度等。在修筑水平沟时,将挖沟的土用来填筑土埂,因此土埂与水平沟的断面形式可认为相同,如图 2-16 所示,即埂高与沟深、埂顶宽度与沟底宽度相等,埂边坡与沟边坡的坡度一致。

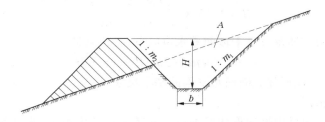

图 2-16 水平沟断面尺寸计算图

由于水平沟在设计时有两种形式,因此断面尺寸计算也有两种不同方法。

(1)梯形断面沟的断面尺寸计算。根据土质情况,选定水平沟边坡;初拟沟底宽度 b 为 0.4~0.6 m;沟深 H 按梯形断面推求得到:

$$H = \frac{-b + \sqrt{b^2 + 2 \times (m_1 + m_2)A}}{m_1 + m_2} \tag{2-36}$$

(2)复式断面沟的断面尺寸计算(见图 2-17)。复式断面的蓄水面积由两部分组成:一部分为由土埂与坡面组成的蓄水面积 A_1,另一部分为挖沟增加的全挖方断面面积 A_0,因此总蓄水面积为

$$A = A_1 + A_0 \tag{2-37}$$

在缓坡坡面,由于挖方断面处于蓄水位以下,因此水平沟计算时,只需调整土埂位置,使其满足总蓄水断面要求,即

$$A_1 = A - A_0 \tag{2-38}$$

为了计算方便,假定水平沟开挖深度与土埂上游填土高度相等并为坡面蓄水深度,挖沟及填土的坡度均为 $1:m$,水平沟底宽为 b,土埂内侧坡脚到开挖沟边缘的距离为 C。因此:

$$A_1 = \frac{1}{2}H_0 L = \frac{1}{2}H(m + \cot\alpha) \tag{2-39}$$

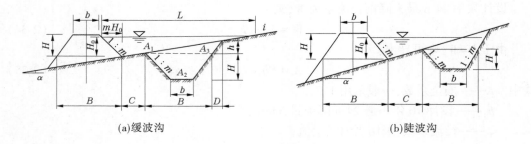

(a)缓波沟   (b)陡波沟

图 2-17　复式断面沟尺寸计算图

如果开沟面积已定,则有

$$\frac{1}{2}H_0^2(m + \cot\alpha) = A - A_0 \tag{2-40}$$

故土埂高度为

$$H = 1.25 \times \sqrt{\frac{2 \times (A - A_0)}{m + \cot\alpha}} \tag{2-41}$$

由缓坡条件知,要使挖方处于坡面蓄水位以下,必须满足

$$c \leqslant (0.8\cot\alpha - 2m)H - (b + D) \tag{2-42}$$

同理可求出陡坡地形复式断面水平沟的基本尺寸。

2.3.1.2　水平沟布置

布置水平沟,应根据山坡地形状况进行。在较规整的山坡上,水平沟可按设计要求,呈水平的连续布置,分段拦蓄坡面径流。在切割严重的山坡上,应结合治沟工程布设蓄水沟,共同承担蓄水拦沙任务。

2.3.2　截水沟工程

截水沟又叫导流沟、引洪渠。是在斜坡上每隔一定距离,在平行等高线或近平行等高线上修筑的排水沟,沟底具有一定坡度。作用是将坡面上部的径流导引至天然沟道,保护下部田地或设施免遭冲刷。截水沟的断面形式一般为梯形。截水沟与纵向布置的排水沟相连,不仅可以切断坡面产生的径流,还可以将径流按设计要求引至坡面蓄水工程或农田、林场、草场。由于水流在沟内流动,故沟底不留土隔墙,但需控制水流速度,防止沟内发生冲刷。当截水沟通过突变地形(如陡坡等)时,要设置适当的衔接建筑物(如跌水等)以削减径流势能,防止冲毁水土保持设施。

2.3.2.1　规划布置

山坡截水沟一般可在山丘地区坡角在 25°以下的坡地上布置,沟的间距依坡度的陡缓而异。坡度陡时沟距小,坡度缓时沟距大,但均应保证两条截水沟之间的坡面径流速度,在设计降雨条件下,小于坡面临界冲刷流速。进行实地勘查定线时,首先查明蓄水工程的位置、容积、坡面地形、植被特点,收集当地的降雨资料,大致确定山坡截水沟的路线和断面,以能使截水沟以上集水区产生的径流量输导至蓄水工程为原则。

2.3.2.2　截水沟设计

1. 暴雨径流的设计

设计标准:根据水土保持国家标准《水土保持综合治理 技术规范 小型蓄排引水工程》(GB/T 16453.4—2008)的规定,防御暴雨标准,按 10 年一遇 24 h 最大降雨量设计。

坡面径流量、洪峰流量与土壤侵蚀量的确定:目前,长江流域各地均用了大量中小河流实测资料的小区径流观察资料,编制有《水文手册》,应查阅当地《水文手册》介绍的不同的暴雨径流量与土壤侵蚀量。以一次暴雨径流模数 $M_w(\mathrm{m^3/km^2})$、设计频率暴雨坡面最大径流量(或设计洪峰流量)$(\mathrm{m^3/s})$ 和年均土壤侵蚀模数 $M_s(\mathrm{t/km^2})$ 表示。

每道截水沟的容量(V)按式(2-43)计算:

$$V = V_w + V_s \tag{2-43}$$

式中　V——截水沟容量,$\mathrm{m^3}$;

　　　V_w——一次暴雨径流量,$\mathrm{m^3}$;

　　　V_s——1~3 年土壤侵蚀量,$\mathrm{m^3}$。

V 的计量单位,应根据各地土壤的容重,由吨折算为立方米。

式(2-43)中 V_w 和 V_s 的值按下式计算:

$$V_w = M_w F \tag{2-44}$$

$$V_s = 3 M_s F \tag{2-45}$$

式中　F——截水沟的集水面积,$\mathrm{km^2}$;

　　　M_w——一次暴雨径流模数,$\mathrm{m^3/km^2}$;

　　　M_s——年均土壤侵蚀模数,$\mathrm{t/km^2}$。

根据 V 值按下式计算截水沟断面面积:

$$A_1 = V/L \tag{2-46}$$

式中　A_1——截水沟断面面积,$\mathrm{m^2}$;

　　　L——截水沟长度,m。

截水沟一般采用半挖半填作为梯形断面,其断面要素、符号、常用数值如下:

沟底宽(B_d):0.3~0.5 m;

沟深(H):0.4~0.6 m;

内坡比(m_i):1:1;

外坡比(m_0):1:1.5。

2. 截水沟断面设计

1)截水沟断面设计公式

截水沟断面面积根据设计频率暴雨坡面汇流洪峰流量,按明渠均匀流公式计算。

$$A_2 = \frac{Q}{C\sqrt{Ri}} \tag{2-47}$$

式中　A_2——截水沟过水断面面积,$\mathrm{m^2}$;

　　　Q——设计坡面汇流洪峰流量,$\mathrm{m^3/s}$;

　　　C——谢才系数;

　　　　R——水力半径,m;

　　　　I——截水沟沟底比降。

　　(1)Q 值的计算。

　　坡面小汇水面积的设计洪峰流量的计算,常采用区域性经验公式。

　　适用于 $F>10\ km^2$ 的小流域:

$$Q_P = KI^m F^n$$

　　适用于 $1\ km^2 < F < 10\ km^2$ 的小流域:

$$Q_P = C_P F_n$$

　　适用于 $F<1\ km^2$ 的小流域:

$$Q_P = C_P F$$

式中　Q——设计频率暴雨产生的洪峰流量,m^3/s;

　　　　K——综合系数,反映地面坡度、河网密度、河道比降、降雨历时及流域形状等因素;

　　　　I——设计频率暴雨净雨深,mm;

　　　　m——峰量关系指数;

　　　　F——小流域面积或坡面排水块汇水面积,km^2;

　　　　n——随汇水面积的增大而递减的指数;

　　　　C_P——与流域自然地理、下垫面因素的设计频率有关的系数。

　　这些区域性经验公式,主要因子是地面坡度和设计暴雨情况下的下垫面因素,用主要因子建立查算表,使用十分方便。

　　将地面平均坡角划分为 5°、10°、15°、20°、25°、30°以上 6 级,使每个级差的设计洪峰流量均有一定差异。在野外可测算梯田、林草地、坡耕地、荒坡以及裸露土石山坡等不同下垫面排水块的汇水面积及其各排水块的平均地面坡度。

　　下垫面因素可用暴雨径流系数表示,暴雨径流系数可参考下列情况取用:梯田、林草地面积占 70%以上取 0.70;梯田或林草地、坡耕地面积各占 50%左右取 0.80;坡耕地、荒坡面积占 70%以上取 0.90;基岩裸露面积占 50%左右的瘠薄坡耕地取 0.95。

　　确定了地面平均坡度和暴雨径流系数后,可根据排水块汇水面积查出设计洪峰流量。

　　(2)R 值的计算。

$$R = A_2/\chi \tag{2-48}$$

式中　χ——截水沟断面湿周,m,是指过水断面水流与沟槽接触的边界总长度。

　　矩形断面:　　　　　　　　　　$\chi = b + 2h$

　　梯形断面:　　　　　　　　　　$\chi = b + 2h\sqrt{1+m^2}$

式中　b——沟槽底宽,m;

　　　　h——过水深,m;

　　　　m——沟槽内边坡系数。

　　(3)C 值的计算。

　　一般采用曼宁公式计算 C 值。

$$C = \frac{1}{n} R^{\frac{1}{6}}$$

式中　n——沟槽糙率,与土壤、地质条件及施工质量等有关,一般土质截水沟取 0.025 左右。

(4) i 值的选择。

截水沟沟底 i 值与断面设计是互为依据、相互联系的,不能把它们截然分开确定,而应交替进行,反复比较,最后确定合理的方案。

i 值主要取决于截水沟沿线的地形和土质条件,一般 i 值与沟沿线的地面坡度相近,以免开挖太深;同时应满足不冲不淤流速的要求。长江流域的山地、丘陵区土质 i 值一般选择 1/300 比较适宜,最大不超过 1/100,最小不小于 1/500。为了施工方便,同一条沟(跌水除外)最好采用一个 i 值。为了防止泥沙淤积,不淤流速(最小允许流速)一般采用 0.20~0.50 m/s,见表 2-3。

表 2-3　截水沟不淤流速

土壤质地	不淤流速(m/s)
重黏壤土	0.75~1.25
中黏壤土	0.65~1.00
轻黏壤土	0.60~0.90
粗沙土(粒径 1~2 mm)	0.50~0.65
中沙土(粒径 0.5 mm)	0.40~0.60
细沙土(粒径 0.05~0.1 mm)	0.25
淤土	0.20

$$V_k = \varphi \sqrt{R} \qquad (2\text{-}49)$$

式中　V_k——最小不淤流速,m/s;

　　　R——水力半径,m;

　　　φ——系数,可在表 2-4 中选用。

表 2-4　不同泥沙的 φ 值

泥沙类别	φ 值	泥沙类别	φ 值
粗沙	0.65~0.75	细沙	0.45~0.55
中沙	0.55~0.65	极细沙	0.35~0.45

(5) m 值的确定。

截水沟沟内边坡系数 m 值的确定主要取决于沟深和土质。土壤松散、沟槽较深,应采用较大的 m 值;反之,土质坚硬,沟槽较浅,应采用较小的 m 值。由于坡面暴雨径流的冲刷和截水沟洪水易涨易落及其渗透压等,土质截水沟边坡容易坍塌,因此截水沟的 m 值一般应比灌溉渠的 m 值大。

山丘区截水沟沟内边坡系数 m 值可参考表 2-5 确定。

表 2-5 山丘区截水沟沟内边坡系数 m 值

土质	挖方段			填方段		
	水深<1 m	水深 1~2 m	水深 2~3 m	水深<1 m	水深 1~2 m	水深 2~3 m
黏土和壤土	1.00	1.00	1.25	1.00	1.25	1.50
轻壤土	1.00	1.25	1.50	1.25	1.50	1.75
沙壤土	1.25	1.50	1.75	1.50	1.75	2.00
沙土	1.50	1.75	2.00	1.75	2.00	2.20

2)截水沟断面设计步骤

(1)过水深 h 的计算。

一般断面形式设计公式如下：

$$h = \alpha \sqrt[3]{Q} \tag{2-50}$$

式中 h——过水深，m；

α——常数，α = 0.58~0.94，一般采用 0.76；

Q——设计洪峰流量，m^3/s。

水力最优断面设计公式如下：

$$h = 1.189 \times \left(\frac{nQ}{2\sqrt{1+m^2} - m\sqrt{i}} \right)^{\frac{3}{8}} \tag{2-51}$$

式中 h——过水深，m；

n——沟槽糙率；

Q——设计洪峰流量，m^3/s；

m——截水沟沟内边坡系数；

i——截水沟沟底比降。

(2)宽深比计算确定底宽 b

$$\left. \begin{array}{l} \beta = NQ^{0.10} - m \quad (Q < 1.5 \ m^3/s) \\ \beta = NQ^{0.25} - m \quad (1.5 \ m^3/s < Q < 50 \ m^3/s) \end{array} \right\} \tag{2-52}$$

式中 β——宽深比系数，$\beta = b/h$；

m——截水沟沟内边坡系数；

N——常数，N = 2.35~3.25，一般采用 2.8，N = 1.8~3.4，一般采用 2.6。

(3)用求得的 h、b 和已知的 n、m、i 计算 A、χ、C 等水力要素：按明渠均匀流公式计算截水沟输水能力，并校核流量和流速。截水沟输水能力应大于或等于设计频率洪峰流量，流速应满足不冲不淤流速；否则应适当调整 h、b 值及其沟底比降 i 值，重新计算再校核，直到满足输水能力和流速条件为止。

若采用一般断面形式设计和最优断面设计的两个方案的计算结果，均能满足校核要求，则应在施工布置阶段，根据施工条件等因素选择其中之一。

截水沟设计断面确定后,还应根据不同的建筑材料等因素,选择沟堤宽 B 和安全超高 ΔH(见图 2-18)。较小型的截水沟土质沟堤 B 不小于 0.3 m,安全超高一般视沟渠设计流量大小而定,流量小于 1 m³/s,超高采用 0.1~0.3 m;流量 1~10 m³/s,超高采用 0.4 m 即可。

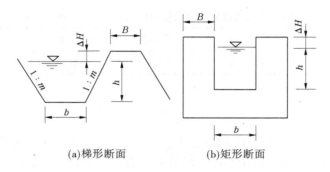

(a)梯形断面　　　　　(b)矩形断面

图 2-18　截水沟断面示意图

2.3.2.3　截水沟的施工

截水沟的施工方法与蓄水沟大致相同,也有测量放线、挖沟与筑埂过程。所不同的是,测量放线的方法有区别。截水沟放线时,先在坡面上找到截水沟起点位置,在起点位置定基线、基点;然后从各层基点开始,用仪器按设计的底坡放出土埂中心线;再按这条中心线在上坡挖沟取土作埂,形成截水沟。为了保护截水沟,还应及时维护和植树造林。

2.3.3　排水沟

排水沟防御暴雨标准与截水沟相同,其断面根据设计频率暴雨坡面最大径流量,按明渠均匀流公式计算:

$$A_2 = \frac{Q}{C\sqrt{Ri}} \tag{2-53}$$

式中　A_2——排水沟断面面积,m²;

　　　Q——设计坡面最大径流量,m³/s;

　　　C——谢才系数;

　　　R——水力半径,m;

　　　i——排水沟比降。

其中,设计坡面最大径流量为

$$Q = \frac{F}{6}(I_r - I_p) \tag{2-54}$$

式中　I_r——设计频率 10 min 最大降雨强度,mm/min;

　　　I_p——相应时段土壤平均入渗强度,mm/min;

　　　F——坡面汇水面积,hm²。

排水沟断面多为梯形,设计中应考虑不冲不淤流速,具体可参考表 2-6 和表 2-7。

表 2-6　不同流量的不淤比降

流量(m³/s)	0.5	1.0	2.0	3.0	5.0
比降(%)	1.0~2.0	0.7~1.0	0.5~0.7	0.4~0.5	0.3~0.4

表 2-7　土质渠道允许最大流速(干容重 1.3~1.5 t/m³)

渠道土质	轻壤土	中壤土	重壤土	黏土
允许最大流速(m/s)	0.6~0.8	0.65~0.85	0.75~0.95	0.80~1.00

2.3.4　鱼鳞坑

鱼鳞坑是在被冲沟切割破碎的坡面上,坡角一般为 15°~45°,或作为陡坡地(坡角 45°)植树造林的整地工程。由于不便于修筑水平的截水沟,于是采取挖坑的方式分散拦截坡面径流,控制水土流失。挖坑取出的土,在坑的下方培成半圆的埂,以增加蓄水量。在坡面上坑的布置上下相间,排列成鱼鳞状,故名鱼鳞坑。它也是陡坡地植树造林的一种整地工程。

鱼鳞坑的布置及规格应根据当地降雨量、地形、土质和植树造林要求而定。鱼鳞坑工程在坡面上按品字形排列成半圆形坑群,在平面上的布置形式有以下三种:

(1)连坑式:上下左右坑坑相连。

(2)横向间隔式:坑横向等高排列,横向坑与坑的间距为坑的直径,纵向坑与坑则交错相连。

(3)间隔式:坑横向等高排列,其间距等于鱼鳞坑直径,纵向坑与坑的间距等于鱼鳞坑的半径。

一般鱼鳞坑的布置是从山顶到山脚每隔一定距离成排地挖月牙形坑,每排坑均沿等高线挖,上下两个坑应交叉而又互相搭接,成品字形排列(见图 2-19 和图 2-20)。等高线上鱼鳞坑间距(株距)l 为 1.5~3.5 m(约为坑径的 2 倍),上下两排坑距 b 为 1.5 m,月牙坑半径 r 为 0.4~0.5 m,坑深为 0.4~0.6 m。埂中间高两边低,使水从两边流入下一个鱼鳞坑。表土填入挖成的坑内,坑内植树。

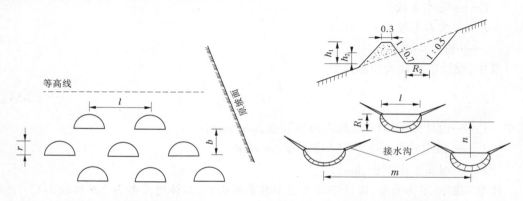

图 2-19　鱼鳞坑平面布置图　　　　图 2-20　鱼鳞坑断面及布置示意图　(单位:m)

　　鱼鳞坑在拦蓄过程中分两种不同的状态:当降雨强度小、历时短时,由于单位面积来水小,鱼鳞坑不可能漫溢,因此起到了分段、分片切断和拦蓄径流的作用;当降雨强度大、历时长时,由于单位面积来水大,鱼鳞坑就会发生漫溢。但因为鱼鳞坑的埂中间高两边低,这样一来就保证了径流在坡面上往下流动时不是直线和沿着一个方向的,因而避免了径流集中,坡面径流受到了行行列列鱼鳞坑的节节调节,就使径流的冲刷能力减弱。当遇到超设计标准降雨时,或者按植树造林要求,鱼鳞坑布置过稀,坑内蓄水容量不足时,不仅鱼鳞坑要发生漫溢,而且最下一排鱼鳞坑的上沿土坡也容易被冲蚀,因此必须限制该处的流速要小于土壤不冲流速。

　　当溢出鱼鳞坑的水流有可能引起坡面土壤冲刷时,可考虑每隔 2~3 列鱼鳞坑布置一道截流沟,达到既防止水土流失,又能弥补水源的要求。

　　鱼鳞坑虽是用于植树造林,但它是水土保持治坡工程,因而必须按工程设计标准进行设计。鱼鳞坑对坡面径流的拦蓄,一方面是每个鱼鳞坑拦蓄作用的总和,另一方面也要靠鱼鳞坑的正确排列,每个鱼鳞坑拦阻的径流应该是上面和左、右面三个鱼鳞坑之间的坡面径流,并且区间面积要和每个鱼鳞坑的容量相适应。因此,鱼鳞坑设计,一般按能全部拦蓄设计降雨径流确定鱼鳞坑的规格及数量。另外,可根据植树造林要求来确定鱼鳞坑的规格和密度,即按植树造林的株行距设置鱼鳞坑,使每树一坑。选用多大合适,各地应因地、因时、因树种而定,一般每公顷挖 2 250~3 000 个。

2.3.5　水平阶

　　水平阶是沿等高线自上而下里切外垫,修成一台面,台面外高里低,以尽量蓄水,减少流失,但其效果不如水平沟,在山石多、坡度大(坡角 10°~25°)的坡面上采用。水平阶的设计计算类似梯田,如采用断续水平阶,实际相当于窄式隔坡梯田。阶面面积与坡面面积之比为 1:1~1:4,可应用梯田的计算方法。

　　水平阶是沿等高线将坡面修筑成狭窄的台阶状台面。阶面水平或稍向内有 3°~5° 的反坡,宽度因地形而异,石质山地较窄,一般为 0.5~0.6 m,土石山地及黄土地区较宽,可达 1.5 m,阶长视地形而定,阶外缘可培修(或不修)20 cm 高土埂。上下两阶的水平距离,根据造林行距和水平阶间斜坡径流能全部或大部分容纳入渗确定。水平阶设计规格应因地制宜。水平阶适用于坡面较为完整、土层较厚的缓坡和中等坡。

2.3.6　山边沟

　　山边沟是在坡面上,每隔适当距离,沿等高线方向所构筑的一系列浅三角形沟,用来截短坡长,分段拦截径流,控制冲蚀,防止面蚀和小侵蚀沟的形成,从而达到保护土地的目的。山边沟断面宽而浅,故可为坡地机械化提供作业道路,同时能够降低田间劳动消耗和工本。山边沟配合植物覆盖,既可增强水土保持效果,提高坡地农业生产效率,又具有绿化、美化环境等多种功能。

　　山边沟效用与宽垄梯田相同,唯断面有异而已。

　　山边沟由欧洲移民带到美洲,19 世纪中叶已盛行于美国南部各州,但由于占地及不便耕作,后演变成宽拔梯田。一般除果园外,当地面坡度超过 14% 左右时即不宜应用,因为培土筑埂使坡度急剧增大,机械耕作不便。在国外应用山边沟保持水土者,除欧美一些国家外,尚有斯里兰卡等地。目前,我国也广泛采用,台湾地区 1969 年就发展到 2.4 万 hm^2,其数量仅次于水平梯田,而且发展势头不减,成为台湾地区数量最多的坡面治理工程措施。

2.4　斜坡防护工程

斜坡防护工程是指为防止斜坡岩体和土体的运动、保证斜坡稳定而布设的工程措施。斜坡防护工程在防治滑坡、崩塌和滑塌等块体运动方面起着重要作用,如挡土墙、抗滑桩等能增大坡体的抗滑阻力,排水工程能降低岩土体的含水量,使之保持较大的黏聚力和摩擦力等。防止斜坡块体运动,要运用多种工程进行综合治理,才能充分发挥效果。当在有滑坡、崩塌危险地段修建挡墙、抗滑桩等抗滑措施时,配合使用削坡、排水工程等减滑措施,可以达到固定斜坡的目的。

斜坡防护工程措施主要包括挡土墙、抗滑桩、削坡开级、排水工程、护坡工程、植物固坡措施、滑动带加固措施和落石防护工程等。

2.4.1　挡土墙

支承山坡土体,防止土体变形失稳,而承受侧向土压力的建筑物称为挡土墙。挡土墙又叫挡墙,可防止崩塌、小规模滑坡及大规模滑坡前缘的再次滑动。用于防止滑坡的又叫抗滑挡土墙。

根据挡土墙的结构形式可将其分为以下几类:重力式、悬臂式、扶壁式、空箱式等。

2.4.1.1　重力式挡土墙

水土流失综合防治措施中,最常用的是重力式挡土墙。重力式挡土墙是一种主要依靠自身重力来维持稳定的挡土墙,一般用浆砌片石构筑而成,缺乏石料地区有时可用混凝土预制块作为砌体,也可采用混凝土浇筑,一般不配钢筋或只在局部范围配置少量钢筋。重力式挡土墙可以防止滑坡和崩塌,适用于坡脚较坚固、允许承载力较大、抗滑稳定较好的情况。

重力式挡土墙还可按墙背的倾斜方向划分为仰斜式挡土墙、直立式挡土墙和俯斜式挡土墙(见图 2-21)。

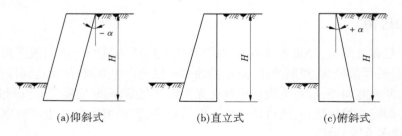

(a)仰斜式　　　　　　　(b)直立式　　　　　　　(c)俯斜式

图 2-21　挡土墙的形式

当挡土墙用于维护土体边坡稳定时,仰斜式挡土墙墙背主动土压力最小,俯斜式挡土墙墙背主动土压力最大。边坡为挖方时,仰斜式挡土墙较合理,因为仰斜式挡土墙墙背可与开挖地的临时边坡紧密贴合;填方时,宜采用俯斜墙背或直立墙背,以便填土,容易夯实。墙前地形平坦时,用仰斜式挡土墙较好;墙前地形较陡时,用仰斜式挡土墙会使墙身增高很多,用直立式挡土墙较好。综上所述,挡土墙以仰斜式最好,直立式次之,俯斜式最差,应优先采用仰斜式挡土墙。

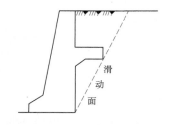

图 2-22　减压平台

为了减小作用在挡土墙墙背上的主动土压力,除可采用仰斜式挡土墙外,还可从选择填料与墙身截面形状方面来考虑,如墙后设减压平台(见图 2-22)。减压平台一般设置在墙背中部附近,向后伸得越远则减压作用越大,以伸到滑动面附近为最好。

重力式挡土墙主要依靠自身重力维持稳定。常用混凝土和浆砌石建造。由于挡土墙的断面尺寸大,材料用量多,建在土基上时,基墙高一般不宜超过 5~6 m。重力式挡土墙顶宽一般为 0.4~0.8 m,边坡系数 m 为 0.25~0.5,混凝土底板厚 0.5~0.8 m,两端悬出 0.3~0.5 m,前趾常需配钢筋(见图 2-23)。

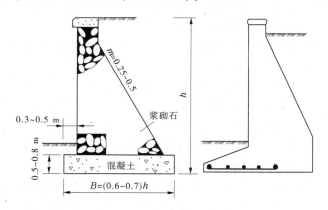

图 2-23　重力式挡土墙

重力式挡土墙的仰斜墙墙背坡度一般采用 1:0.25,不宜缓于 1:0.30;俯斜墙墙背坡度一般为 1:0.25~1:0.40,衡重式挡土墙或凸折式挡土墙下墙墙背坡度多采用 1:0.25~1:0.30 仰斜,上墙墙背坡度受墙身强度控制,根据上墙高度,采用 1:0.25~1:0.45 俯斜。墙面一般为直线形,其坡度应与墙背坡度相协调。同时应考虑墙趾处的地面横坡,在地面横向倾斜时,墙面坡度影响挡土墙的高度,横向坡度愈大影响愈大。因此,地面横坡较陡时,墙面坡度一般为 1:0.05~1:0.20,矮墙时也可采用直立;地面横坡平缓时,墙面可适当放缓,但一般不缓于 1:0.35(见图 2-24)。

仰斜式挡土墙墙面一般与墙背坡度一致或缓于墙背坡度;衡重式挡土墙墙面坡度采用 1:0.05,所以在地面横坡较大的山区,采用衡重式挡土墙较经济。衡重式挡土墙上墙与下墙的高度之比一般采用 4:6 较为经济合理。对一处挡土墙而言,其断面形式不宜变化过多,以免造成施工困难,并且应当注意不要影响挡土墙的外观。

混凝土块和石砌体挡土墙的墙顶宽度一般不应小于 0.5 m,混凝土墙顶宽度不应小于 0.4 m。路肩挡土墙墙顶应以粗料石或 C15 混凝土做帽石,其厚度不得小于 0.4 m,宽

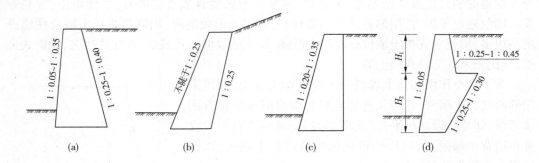

图 2-24　挡土墙墙背和墙面坡度

度不小于 0.6 m,突出墙外的飞檐宽应为 0.1 m。如不做帽石或为路堤墙和路堑墙,应选用大块片石置于墙顶并用砂浆抹平。

在有石料的地区,重力式挡土墙应尽可能采用浆砌片石砌筑,片石的极限抗压强度不得低于 30 MPa。在一般地区及寒冷地区,采用 M7.5 水泥砂浆;在浸水地区及严寒地区,采用 M10 水泥砂浆。在缺乏石料的地区,重力式挡土墙可用 C15 混凝土或片石混凝土建造;在严寒地区采用 C20 混凝土或片石混凝土。

为了提高挡土墙的稳定性,墙顶填土面应设防渗;墙内设排水设施,以减小墙背面的水压力。排水设施可采用排水孔或排水暗管。

对于滑坡和变形体,挡土墙宜设置在其下部或抗滑段。

当滑动面出口位于坡脚且有平缓地形时,挡土墙宜设置在距滑坡前缘一定距离外,墙后填筑土、石料加载,以增大抗滑力,减小挡土墙承受的下滑力。

当滑动面出口在斜坡上时,可根据滑床地质情况确定挡土墙位置。

对于多级滑坡,可根据具体情况设置多级挡土墙支撑。

根据地质条件、地形情况、滑坡推力、土压力的变化情况,可沿挡土墙走向分段(一般不宜小于 10 m)设计不同截面的挡土墙、确定沉降缝和伸缩缝的位置。

河沟地段的挡土墙,应注意挡土墙前后的水流平顺,以免形成漩涡,产生局部冲刷,也不可挤压河道。

2.4.1.2　悬臂式挡土墙

悬臂式挡土墙是由直墙和底板组成的一种钢筋混凝土轻型挡土结构(见图 2-25),其适宜高度为 6~10 m。它用作翼墙时,断面为倒 T 形;用作岸墙时,则为 L 形。这种翼墙具有厚度小、自重轻等优点。它主要利用底板上的填土维持稳定。

底板宽度由挡土墙稳定条件和基底压力分布条件确定。调整后踵长度,可以改善稳定条件;调整前趾长度,可以改善基底压力分布。直

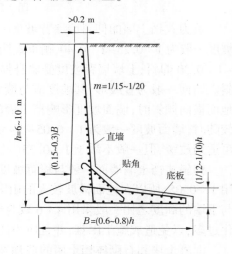

图 2-25　悬臂式挡土墙

径和底板近似按悬臂板计算。

2.4.1.3　扶壁式挡土墙

当墙的高度超过 9~10 m 时,采用钢筋混凝土扶壁式挡土墙较为经济。扶壁式挡土墙由直墙、底板及扶壁三部分组成(见图 2-26)。利用扶壁和直墙共同挡土,并可利用底板上的填土维持稳定,当改变底板长度时,可以调整合力作用点的位置,使地基反力趋于均匀。

钢筋混凝土扶壁间距一般为 3~4.5 m,扶壁厚度 0.3~0.4 m;底板用钢筋混凝土建造,其厚度由计算确定,一般不小于 0.4 m;直墙下端厚度由计算确定。悬臂段长度 b 为 $(1/5~1/3)B$。直墙高度在 6.5 m 以内时,直墙和扶壁可采用浆砌石结构,直墙顶厚 0.4~0.7 m,临土面可做成 1:0.1 的坡度;扶壁间距 2.5 m,厚 0.5~0.6 m。

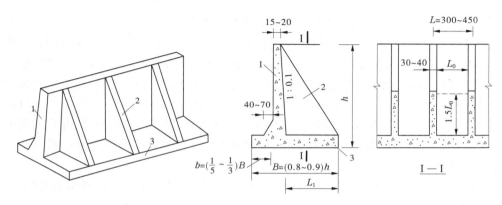

1—直墙;2—扶壁;3—底板
图 2-26　扶壁式挡土墙　(单位:cm)

底板的计算,分前趾和后踵两部分。扶壁计算,可把扶壁与直墙作为整体结构,取墙身与底板交界处的 T 形截面按悬臂梁分析。

2.4.1.4　空箱式挡土墙

空箱式挡土墙由底板、前墙、后墙、扶壁、顶板和隔墙等组成(见图 2-27)。利用前墙、后墙之间形成的空箱充水或填土可以调整地基应力。因此,它具有重力小和地基应力分布均匀的优点,但其结构复杂,需用较多的钢筋和木材,施工麻烦,造价较高。所以,它仅适用于某些地基松软的大中型水闸,在上下游翼墙中基本上不再采用。

顶板和底板均按双向板或单向板计算,原则上与扶壁式底板计算相同。前墙、后墙与扶壁式挡土墙的直墙一样,按以隔墙支承的连续板计算。

2.4.2　抗滑桩

抗滑桩是穿过滑坡体深入于滑床的桩柱,用以支挡滑体的滑动力,起稳定边坡的作用,是一种抗滑处理的主要措施。它凭借桩与周围岩石的共同作用,把滑坡力传入稳定地层来阻止滑坡的滑动。抗滑桩适用于浅层和中厚层的滑坡,具有土方量小、省工省料、施工方便、工期短等优点。

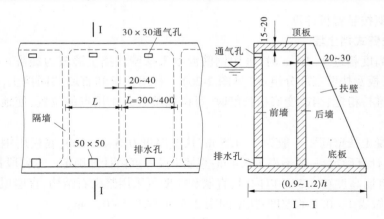

图 2-27　空箱式挡土墙　（单位：cm）

抗滑桩的材料、规格和布置要能满足抗剪断、抗弯、抗倾斜、阻止土体从桩间或桩顶滑出的要求，这就要求抗滑桩有一定的强度和锚固深度。抗滑桩埋入地层以下深度，按一般经验，软质岩层中锚固深度为设计桩长的 1/3；硬质岩中为设计桩长的 1/4；土质滑床中为设计桩长的 1/2。当土层沿基岩面滑动时，锚固深度也可采用桩径的 2~5 倍。抗滑桩的布置形式有相互连接的桩排，互相间隔的桩排，下部间隔、顶部连接的桩排，互相间隔的锚固桩等。桩柱间距一般取桩径的 3~5 倍，以保证滑动土体不在桩间滑出为原则。

2.4.2.1　桩型选择

根据滑坡体厚度、推力大小、防水要求和施工条件等，选用混凝土桩或钢筋混凝土桩、钢管桩、木桩等。

1. 钢筋混凝土桩

钢筋混凝土桩是用得最多的桩型，其断面形式主要有圆形、矩形。圆形断面尺寸为 600~2 000 mm，最大可达 4 500 mm。矩形断面可充分发挥其抗弯刚度大的优点，适用于大型滑坡推力较大、需要较大刚度的地方。一般为人工成孔抗滑桩，断面尺寸多为 1 000 mm×1 500 mm、1 200 mm×1 800 mm、1500 mm×2 000 mm、2 000 mm×3 000 mm 等。钢筋混凝土桩混凝土强度不低于 C15，一般采用 C20。

2. 钢管桩

钢管桩一般为打入式桩，其特点是强度高、抗弯能力大、施工快、可快速形成排或桩群。桩径一般为 400~1 900 mm，常用的是 600 mm。钢管桩适用于有沉桩施工条件和有材料可资利用的地方，或工期短、需要快速处治的滑坡工程。

3. 木桩

木桩可用于浅层小型土质滑坡或对土体临时拦挡，木桩可很容易地打入，但其强度低、抗水性差，所以滑坡防治中常用钢桩和钢筋混凝土桩。

2.4.2.2　抗滑桩设计

1. 平面布置

对滑坡治理工程，抗滑桩原则上布置在滑体的下部，即滑动面平缓、滑体厚度小、锚固段地质条件较好的地方，同时要考虑施工的方便。对于地质条件简单的中小型滑坡，一般在滑体前缘布设一排抗滑桩,桩排方向应与滑体垂直或近似垂直。对于轴向很长的多级滑动或推力很大的滑坡,可考虑将抗滑桩布置成两排或多排,进行分级处治,分级承担滑动推力;也可考虑在抗滑地带集中布置 2~3 排、平面上呈品字形或梅花桩形的抗滑桩或抗滑排架。对滑坡推力特别大的滑坡,可考虑采用抗滑排架或群桩承台。对于轴向很长的具有复合滑动面的滑体,应根据滑面情况和坡面情况分段设立抗滑桩,或采用抗滑桩与其他抗滑结构组合布置方案。

2. 抗滑桩间距

抗滑桩间距受滑坡推力、桩型及断面尺寸、桩的长度和锚固深度、锚固段地层强度、滑坡体的密实度和强度、施工条件等诸多因素的影响,目前尚无成熟的计算方法。合适的桩间距应该使桩间滑体具有足够的稳定性,在下滑力作用下不致从桩间挤出。一般采用的间距为 6~10 m。当桩间采用结构连接来阻止桩间楔形土体的挤出时,桩间距完全取决于抗滑桩的抗滑力和桩间滑体的下滑力。当抗滑桩集中布置成 2~3 排排桩或排架时,排间距可采用桩截面宽度的 2~3 倍。

3. 桩的锚固深度

桩埋于滑面以下稳定地层内的适宜锚固深度,原则上由桩的锚固段传递到滑面以下地层的侧向压应力不得大于该地层的容许侧向抗压强度、桩基底的压应力不得大于地基的容许承载力来确定。锚固深度是抗滑桩发挥抵抗滑体推力的保证。锚固深度不足,滑桩不足以抵抗滑体推力,容易引起桩的失效;锚固过深则又造成工程浪费,并增加施工难度。一般可采取缩小桩的间距、减小每根桩所承受的滑坡推力或增大桩的相对刚度等措施来适当减小锚固深度。

2.4.3　削坡开级

人工或天然边坡坡度较陡、高度较大时,可采取削坡开级措施,以降低下滑力,增加边坡的稳定性。削坡开级又称为刷坡,是一种控制边坡高度和坡度而无须对边坡进行整体加固就能使边坡达到稳定的措施,施工方便,且较为经济,故在边坡防护中常被采用,如图 2-28 所示。该方法适应于岩层、塑性黏土和良好的砂性土边坡,并要求地下水位较低,有足够的施工场地。

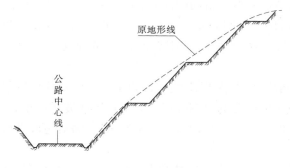

图 2-28　削坡开级

削坡开级设计的关键是在保证边坡稳定的情况下确定边坡的形状和坡度,其设计内容主要包括确定边坡的形状、边坡的坡度和验算边坡的稳定性,同时需设计坡面防护措施。下面主要就土质坡面和石质坡面削坡开级设计做简要介绍。

2.4.3.1　土质坡面

土质坡面的削坡开级主要有直线形、折线形、阶梯形和大平台形四种形式(见图2-29)。

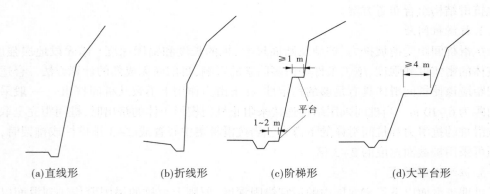

| (a)直线形 | (b)折线形 | (c)阶梯形 | (d)大平台形 |

图2-29　土质坡面的削坡开级

1. 直线形削坡

直线形削坡是坡面从上到下削成同一坡度,削坡后比原坡度减缓,达到该类土质的稳定坡度,适用于高度小于20 m、结构紧密的均质土坡,或高度小于12 m的非均质土坡。对有松散夹层的土坡,其松散部分应采取加固措施。

2. 折线形削坡

折线形削坡的重点是削缓坡面上部,削坡后保持上部较缓、下部较陡的形状,从剖面看形似折线。折线形适用于高12~20 m、结构比较松散的土坡,尤其是上部结构较松散、下部结构较紧密的土坡。削坡时,坡面上下部的高度和坡度应根据土坡高度与土质情况具体分析确定,以削坡后能保证稳定安全为原则。

3. 阶梯形削坡

阶梯形削坡适用于高12 m以上、结构较松散,或高20 m以上、结构较紧密的均质土坡。每一阶小平台的宽度和两平台间的高差,根据当地土质与暴雨径流情况确定。一般小平台宽1.5~2.0 m,两平台间高差6~12 m。干旱、半干旱地区,两平台间高差大些;湿润、半湿润地区,两平台间高差小些。削坡开级后应保证土坡稳定。

4. 大平台形削坡

大平台形削坡一般开在土坡中部,宽4 m以上。平台具体位置与尺寸,需根据地震区建筑技术规范对土质边坡高度的限制确定。大平台形削坡适用于高度大于30 m,或在Ⅷ度以上高烈度地震区的土坡。大平台尺寸基本确定后,需对边坡进行稳定性验算。

2.4.3.2　石质坡面

石质坡面的削坡开级,除坡面石质坚硬、不易风化外,削坡后的坡比一般应缓于1∶1。此外,削坡后的坡面,应留出齿槽,齿槽间距3~5 m,齿槽宽度1~2 m。在齿槽上修筑排水明沟和渗沟,一般深10~30 cm、宽20~50 cm。

2.4.3.3 削坡后坡面与坡脚的防护

削坡开级后的坡面,应采取植物护坡措施。在阶梯形的小平台和大平台形的大平台中,宜种植乔木或果树,其余坡面可种植草类、灌木,以防止水土流失,保护坡面。

削坡后因土质疏松可能产生碎落或塌方的坡脚,应修筑挡土墙予以防护。此外,无论土质削坡或石质削坡,都应在距坡脚处开挖防洪排水渠,排水渠断面尺寸根据坡面来水情况计算确定。

2.4.3.4 均质土边坡稳定性验算

削坡开级设计一般根据前面相关要求和经验确定边坡形状和坡度,然后对其进行稳定性验算,以确定边坡形状和坡度是否经济安全,否则重复前述过程。对于土质较均一的边坡,可采用条分法进行稳定性验算。

2.4.4 排水工程

排水工程可减免地表水和地下水对坡体稳定性的不利影响,一方面能提高现有条件下坡体的稳定性,另一方面允许坡度增加而不降低坡体稳定性。排水工程包括排除地表水工程和排除地下水工程。

2.4.4.1 排除地表水工程

排除地表水工程的作用,一是拦截病害斜坡以外的地表水;二是防止病害斜坡内的地表水大量渗入,并尽快汇集排走。它包括防渗工程和水沟工程。

1. 防渗工程

防渗工程包括整平夯实和铺盖阻水,可以防止雨水、泉水和池水的渗透。当斜坡上有松散易渗水的土体分布时,应填平坑洼和裂缝并整平夯实。铺盖阻水是一种大面积防止地表水渗入坡体的措施,铺盖材料有黏土、混凝土和水泥砂浆,黏土一般用于较缓的坡。坡上的坑凹、陡坎、深沟,可堆渣填平(若黏土丰富,最好用黏土填平),使坡面平整,以便夯实铺盖。铺土要均匀,厚度 1~5 m,一般为水头的 1/10。有破碎岩体裸露的斜坡,可用水泥砂浆勾缝抹面。水上斜坡铺盖后,可栽植植物以防水流冲刷。坡体排水地段不能铺盖,以免阻挡地下水外流造成渗透水压力。

2. 水沟工程

水沟工程包括截水沟和排水沟(见图 2-30)。截水沟布置在病害斜坡范围外,拦截旁引地表径流,防止地表水向病害斜坡汇集;排水沟布置在病害斜坡上,一般呈树枝状,充分利用自然沟谷。在斜坡的湿地和泉水出露处,可设置明沟或渗沟等引水工程将水排走。当坡面较平整,或治理标准较高时,需要开挖集水沟和排水沟,构成排水沟系统。集水沟横贯斜坡,可汇集地表水,排水沟比降较大,可将汇集的地表水迅速排出病害斜坡。水沟工程可采取砌石、沥青铺面、半圆形钢筋混凝土槽、半圆形波纹管等形式,有时采用不铺砌的沟渠,其渗透和冲刷较强、效果差些。

2.4.4.2 排除地下水工程

排除地下水工程的作用是排除和截断渗透水。它包括渗沟、明暗沟、排水孔、排水洞、截水墙等。

渗沟的作用是排除土壤水和支撑局部土体,比如可在滑坡体前缘布设渗沟。有泉眼的斜坡上,渗沟应布置在泉眼附近和潮湿的地方。渗沟深度一般大于 2 m,以便充分疏干土壤水。沟底应置于潮湿带以下较稳定的土层内,并应铺砌防渗。渗沟上方应修挡水埂,防止坡面上方水流流入,表面成拱形,以排走坡面流水(见图 2-31)。

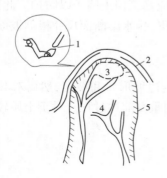

1—排水孔;2—截水沟;
3—湿地;4—泉;5—滑坡周界

图 2-30　滑坡区的排水沟工程

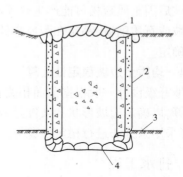

1—干砌片石表面砂浆勾缝;2—反滤面;
3—较干燥土层上界线;4—浆砌石

图 2-31　渗沟结构示意图

　　排除浅层(约 3 m 以上)的地下水可用暗沟和明暗沟。暗沟分为集水暗沟和排水暗沟。集水暗沟用来汇集浅层地下水;排水暗沟连接集水暗沟,把汇集的地下水作为地表水排走。暗沟底部布设有孔的钢筋混凝土管、波纹管、透水混凝土管或石笼,底部可铺设不透水的杉皮、聚乙烯布或沥青板,侧面和上部设置树枝及砂砾组成的过滤层,以防淤塞。

　　明暗沟即在暗沟上同时修明沟,可以排除滑坡区的浅层地下水和地表水。排水孔是利用钻孔排除地下水或降低地下水位。排水孔又分为垂直孔、仰斜孔和放射孔。

　　垂直孔排水是钻孔穿透含水层,将地下水转移到下伏强透水岩层,从而降低地下水位(见图 2-32),是将钻孔穿透滑坡体及其下面的隔水层,将地下水排至下伏强透水层。

　　仰斜孔排水是用接近水平的钻孔把地下水引出,从而疏干斜坡(见图 2-33)。仰斜孔施工方便,节省劳力和材料,见效快,当含水层透水性强时效果尤为明显。根据裂隙含水类型,可设不同高程的排水孔。根据含水类型、地下水埋藏状态和分布情况等布置钻孔,钻孔要穿透主要裂隙组,从而汇集较多的裂隙水。钻孔的仰斜角为 10° ~ 15°,由地下水位来定。

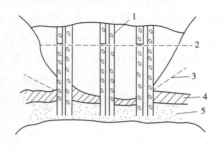

1—滑坡体;2—原地下水位;
3—现地下水位;4—隔水层;5—强透水层

图 2-32　滑坡区垂直孔排水

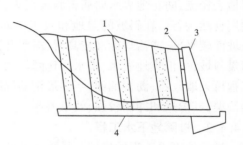

1—沙井;2—砂砾滤层;3—挡墙;4—仰斜排水孔

图 2-33　仰斜孔排水

若钻孔在松散岩层中有塌壁堵塞可能,应用镀锌钢滤管、塑料滤管或加固保护孔壁。对含水层透水性差的土质斜坡(如黄土斜坡),可采用沙井和仰斜孔联合排水(见图 2-34)。

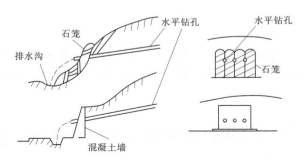

图 2-34　沙井和仰斜孔联合排水

排水洞的作用是拦截和疏导深层地下水,分为截水隧洞和排水隧洞。截水隧洞修筑在病害斜坡外围,用来拦截旁引补给水;排水隧洞布置在病害斜坡内,用于排泄地下水。滑坡的截水隧洞洞底应低于隔水层顶板,或在坡后部滑动面之下,开挖顶线必须切穿含水层,其衬砌拱顶又必须低于滑动面,截水隧洞的轴线应大致垂直于水流方向。排水隧洞洞底应布置在含水层以下,在滑坡区应位于滑动面以下,平行于滑动方向布置在滑坡前部,根据实际情况选择渗井、渗管、分支隧洞和仰斜排水孔等措施进行配合。排水隧洞边墙及拱圈应留泄水孔和填反滤层。

如果地下水沿含水层向滑坡区大量流入。可在滑坡区外布设截水墙(见图 2-35),将

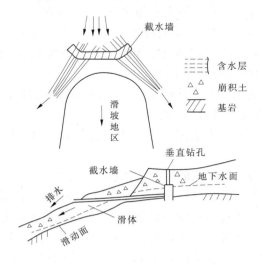

图 2-35　截水墙布置

地下水截断,再用仰斜孔排出。注意不要将截水墙修筑在滑坡体上,因为可能诱导滑坡发生。修筑截水墙有两种方法:一是开挖到含水层后修筑墙体,二是灌注法。含水层较浅时用第一种方法,当含水层在 2~3 m 以下时采用灌注法较经济。灌注材料有水泥浆和化学药液,当含水层大孔隙多且流量流速小时,用水泥浆较经济,但因黏性大,凝固时间长,压

入小孔隙需要较大的压力,而灌注速度大时则可能在凝固前流失,因此有时与化学药液混合使用。化学药液可以单独使用,其咬凝时间从几秒钟到几小时,可以自由调节,黏性也小。

2.4.5　护坡工程

防止崩塌,还可在坡面修筑护坡工程进行加固,比削坡节省投工,速度快。常见的护坡工程有坡面夯实、干砌片石护坡、浆砌石护坡、混凝土砌块护坡、格状框条护坡、喷浆和混凝土护坡、锚固法护坡等。

2.4.5.1　坡面夯实

坡面夯实一般有灰土夯实和素土夯实两种,适用于易受冲刷的土坡,边坡坡度一般不大于1∶0.5,无地下水影响。

坡面夯实厚度一般不小于30 cm。边坡较低时,多采用等厚度截面;边坡较高时,宜采用上薄下厚的截面。素土夯实时,土质最好为黏土,且土壤含水量需达到一定的要求,土过干时应洒水以提高土的含水量,夯实后土的干容重须达到 1.5 t/m^3 以上。灰土一般为3∶7灰土或2∶8灰土,土的含水量也不能过低,过低时应洒水以提高土的含水量,夯实后土的干容重应达到 1.6 t/m^3 以上。

坡面夯实应注意与未防护坡面衔接,衔接处应封闭。

坡面夯实与原土层接槎处,夯实前应松土,以便和夯实土衔接良好。

2.4.5.2　干砌石护坡

干砌石护坡适用于易受地表水冲刷或常有地下水渗出而产生小型泻溜的土质边坡,边坡坡度较缓(1∶2.5~1∶3.0)。坡面有涌水现象时,应在护坡下铺设15 cm以上厚度的碎石、粗砂或砂砾作为反滤层。干砌石厚度一般为0.3 m,干砌石石料单块质量大于25 kg,中部厚不小于0.15 m,强度等级不低于MU25,软化系数不小于0.75,没有显著的风化迹象,无裂缝,不含易风化矿物,质地坚硬。

干砌石护坡基础应选用较大块石砌筑,埋深至侧沟底部,基础与侧沟相连时,应采用浆砌石,砌筑水泥砂浆强度等级为M5或M7.5。

砌筑石块应自下而上彼此镶紧,接缝要错开,缝隙用小石块填塞。

2.4.5.3　浆砌石护坡

浆砌石护坡适用于各种易风化的岩石、土质边坡,边坡坡度为1∶1.0~1∶2.0。浆砌石护坡由面层和起反滤作用的垫层组成。面层一般采用等截面,厚度根据坡高和坡度而定,一般为30~40 cm。边坡过高时应分级设平台,每级高度不宜超过20 m,平台宽根据上级护坡基础的稳定要求确定,一般不小于1 m。垫层又分为单层和双层两种,单层厚5~15 cm,双层厚20~25 cm。原坡面如为砂、砾、卵石,可不设垫层。

当护坡面积较大、边坡较陡时,为增加护坡稳定性,可采用肋式护坡。

大面积防护时,应在坡面适当位置设台阶形踏步,以利维修和养护。

浆砌石护坡石料单块质量一般应大于25 kg,中部厚不小于0.20 m,强度等级不低于MU50,软化系数不小于0.75,没有显著的风化迹象,无裂缝,不含易风化矿物,质地坚硬。

浆砌石护坡水泥砂浆的强度等级一般为M5或M7.5,有较高耐久性要求的部位,如水位反复变化且容易产生冻融破坏的部位,可采用 M10 及其以上的砂浆。勾缝砂浆强度等级为 M10。

为防止不均匀沉陷和温度应力对浆砌石护坡产生破坏,浆砌石护坡沿身长应每隔 10 m 左右设 2 cm 宽伸缩缝一道,用沥青麻(竹)筋填塞,深入 10~20 cm,浆砌石护坡基础修筑在不同地基上时,应在其相邻处设置沉陷缝一道,要求同伸缩缝。浆砌石护坡中下部还应设置泄水孔,泄水孔间距为 2~3 m,孔口一般为矩形,圆孔直径 10 cm。在泄水孔后面,应布设反滤层。

2.4.5.4　混凝土砌块护坡

混凝土砌块护坡用于坡面有涌水、坡度小于 1∶1、高度小于 3 m 的情况,涌水较大时应设反滤层,涌水很大时最好采用盲沟。

防止没有涌水的软质岩石和密实土斜坡的岩石风化,可用混凝土护坡。坡度小于 1∶1 的用混凝土,坡度为 1∶0.5~1∶1 的用钢筋混凝土。

2.4.5.5　格状框条护坡

格状框条护坡是用预制构件在现场装配或在现场直接浇制混凝土和钢筋混凝土,修成格式建筑物,格内可进行植被防护。有涌水的地方采用干砌片石。为防止滑动,应固定框格交叉点或深埋横向框条。

格状框条护坡适用于坡面冲刷严重或边坡潮湿的土质边坡和风化极严重的岩石边坡。浆砌石骨架一般采用方格形,间距 3~5 m,与水平线成 45°角,护坡顶部 0.5 m 及坡脚 1 m 用浆砌石镶边,砂浆强度等级在 M5 以上。

骨架内可根据边坡土质、坡度及当地材料来源情况选用铺草皮、捶面或栽砌卵石。

骨架应嵌入坡面一定深度,一般应大于 30 cm,其表面与草皮或捶面齐平。降雨量大且集中的地区,骨架上部可设截水沟,以分流排除地表水。

浆砌石骨架也可做成拱形,主骨架间距 4~6 m,拱高 4~6 m,视岩层的软硬程度和坡面变形等情况而定。浆砌石骨架还可用人字形。

浆砌石骨架施工前应清除坡面浮土碎石,填补坑凹。骨架内草皮或捶面应与坡面和骨架紧贴,以防地表水渗入。骨架内捶面或栽砌卵石应在浆砌石强度达到 70% 后方可进行。

2.4.5.6　喷浆或喷混凝土护坡

在基岩裂隙小、没有大崩塌发生的地方,为防止基岩风化剥落,进行喷浆或喷混凝土护坡。若能就地取材,用可塑胶泥喷涂则较为经济,可塑胶泥也可做喷浆的底层。注意不要在有涌水和冻胀严重的坡面喷浆或喷混凝土。

2.4.5.7　锚固法护坡

在有裂隙的坚硬的岩质斜坡上,为了增大抗滑力或固定危岩,可用锚固法,所用材料为锚栓或预应力钢筋。在危岩上钻孔直达基岩一定深度,将锚栓插入,打入楔子并浇水泥砂浆固定其末端,地面用螺母固定。采用预应力钢筋,将钢筋末端固定后要施加预应力,为了不把滑面以下的稳定岩体拉裂,事先要进行抗拔试验,使锚固末端达到滑面以下一定深度,并且相邻锚固孔的深度不同。根据坡体稳定计算求得的所需克服的剩余下滑力来确定预应力大小和锚孔数量。

2.4.6　植物固坡措施

植树造林种草可以降低地表径流流量和流速,从而减轻地表侵蚀,保护坡脚。植物蒸腾和降雨截持作用能调节土壤水分,控制土壤水压力。植物根系可增加岩土体抗剪强度,增加斜坡稳定性。

植物防护措施施工简单,费用低廉,固土、防冲刷效果较好,能防止径流对坡面的冲刷,能在一定程度上防止崩塌和小规模滑坡,且可改善生态环境。凡适宜于植物生长,且坡度、高度不大的边坡,如挖、填方量不大的道路边坡等,应优先采用植物防护。防护选择的植物品种应适应当地的气候和土壤条件,易于管护。

植物固坡措施包括坡面防护林、坡面种草和坡面生物-工程综合措施。

2.4.6.1　坡面防护林

坡面防护林对控制坡面面蚀、细沟状侵蚀及浅层块体运动起着重要作用。深根性和浅根性树种结合的乔灌木混交林,对防止浅层块体运动有一定效果。

边坡坡角 10°~20°,在南方坡面土层厚 15 cm 以上,北方坡面土层厚 40 cm 以上,立地条件较好的地方,可采用造林护坡,经常浸水、盐土边坡不宜采用造林的方法。

2.4.6.2　坡面种草

坡面种草可提高坡面抗蚀能力,减小径流速度,增加入渗,防止面蚀和细沟状侵蚀,也有助于防止块体运动。选用生长快的矮草种,并施用化肥,可使边坡迅速绿化。坡面种草方法有播种法、坑植法、覆盖草垫法和植饼法等。播种法即把草籽、肥料和泥土混合,满坡撒播。坑植法是在边坡上交错挖坑,然后填草籽、肥料和泥土,常用于很密实的土质边坡。这两类方法适用于适宜草类生长的土质边坡,其坡度一般小于 1∶1.5,且高度不大。若边坡土层不宜直接种草,可将边坡挖成台阶,然后铺一层 5~10 cm 厚的种植土,再种草。覆盖草垫法是把附有草籽和肥料的草垫覆盖在坡上,并用竹签钉牢草垫,以防滑走。植饼法是把草籽、肥料和土壤制成饼,在边坡上挖好水平沟,然后呈带状铺植。这两类方法适用于各种土质边坡、风化极严重的岩石边坡和风化严重的软质岩石边坡,一般坡度较小。

2.4.6.3　坡面生物-工程综合措施

坡面生物-工程综合措施即在布置有拦挡工程的坡面或工程措施间隙种植植被。例如,在挡土石墙、木框墙、石笼墙、铁丝链墙、格栅和格式护墙加上植物措施,可以增大这些挡墙强度。

近年来,种草护坡新技术、新材料发展较快,如土工格室植被护坡、植生带护坡、三维植被网护坡等,应注意根据当地条件选用。

2.4.7　滑动带加固措施

对于防止沿软弱夹层的滑坡,加固滑动带是一项有效措施。滑动带加固措施是采用机械的或物理化学的方法,提高滑动带强度,防止软弱夹层进一步恶化。滑动带加固法有普通灌浆法、化学灌浆法、石灰加固法和焙烧法等。

2.4.7.1　普通灌浆法

普通灌浆法采用由水泥、黏土等普通材料制成的浆液,用机械方法灌浆。为较好地充填固结滑动带,对出露的软弱滑动带可以撬挖掏空,并用高压气水冲洗清除,也可钻孔至滑动面,在孔内用炸药爆破,以增大滑动带和滑床岩土体的裂隙度,然后填入混凝土,或借助一定的压力把浆液灌入裂缝。这种方法既可以增强坡体的抗滑能力,又可以防渗阻水。

2.4.7.2　化学灌浆法

相较于普通灌浆法需要爆破或开挖清除软弱滑动带,化学灌浆法比较省工。化学灌浆法采用由各种高分子化学材料配制的浆液,借助一定的压力把浆液灌入钻孔。浆液充满裂隙后不仅可增加滑动带强度,还可以防渗阻水。我国常采用的化学灌浆材料有水玻璃、铬木素、丙凝、氰凝、尿醛树脂、丙强等。

2.4.7.3　石灰加固法

石灰加固法是根据阳离子的扩散效应,由溶液中的阳离子交换出土中的阴离子而使土体稳定。具体方法是在滑坡地区均匀布置一些钻孔,钻孔要达到滑动面下一定深度,将孔内水抽干,加入生石灰小块达滑动带以上,填实后加水,再用土填满钻孔。

2.4.7.4　焙烧法

焙烧法是利用导洞焙烧滑坡前部滑动带的沙黏土,使之形成地下“挡墙”,从而防止滑坡。沙黏土用煤焙烧后可变得像砖一样结实,增加了抗剪强度和抗水性。另外,地下水可自焙烧土的裂隙流入导洞而排出。导洞开挖在滑动面下 0.5~1 m 处,导洞的平面布置最好呈曲线或折线,以使焙烧土体呈拱形。

2.4.8　落石防护工程

悬崖和陡坡上的危石会对坡下的交通设施、房屋建筑及人身安全产生很大威胁,而落石预测很困难,所以要及时进行防护,常用的落石防护工程如下:

(1)修建防落石棚,将铁路和公路遮盖起来是最可靠的办法之一,防落石棚可用混凝土和钢材制成。

(2)在挡墙上设置拦石栅是经常采用的一种方法。囊式栅栏即防止落石坠入线路的金属网。在距落石发生源不远处,如果落石能量不大,可利用树木设置铁丝网,其效果很好,可将 1 t 左右的岩石块拦住。

(3)在特殊需要的地方,可将坡面覆盖上金属网或合成纤维网,以防石块崩落。

(4)斜坡上很大的孤石有可能滚下时,应立即清除,如果清除有困难,可用混凝土固定或用粗螺栓锚固。

防止各种块体运动要采取不同的措施,因此首先要判明块体运动的类型;否则治理不会切中要害,达不到预期的效果,有时还会促进块体运动。例如,大型滑坡在滑动前,滑坡体前部往往出现岩土体松弛滑塌,如果当作崩塌而进行削坡,削去部分抗滑体,减小了抗滑力,反而促进了滑坡发育,但如果把崩塌当作滑坡,只在坡脚修挡墙,而墙上的坡体仍会继续崩塌。

第3章　沟道治理工程

　　沟道是径流和泥沙输移的通道。现代侵蚀沟系的发育，多是水力侵蚀与重力侵蚀综合作用的结果。沟道的泥沙大部分源自上游沟谷，少部分源自沟谷上方的集流坡面。一般而言，流域坡面侵蚀和沟道侵蚀互为因果关系，即坡面径流冲刷使沟蚀加剧，沟蚀的扩大又使坡面失稳发生滑坡、崩塌等重力侵蚀，使侵蚀进一步加剧。因此，在治坡的同时，还需治沟，沟坡兼治才能收到较好的效果。

　　沟道治理工程主要有沟头防护工程、谷坊工程、拦沙（砂）坝、小型水库、拦渣工程等，其主要作用是拦截沟道内的径流泥沙，减少下游洪灾和泥沙淤积；抬高侵蚀基准面，控制沟道向长、宽和深发展；合理配置和利用沟道内的水沙资源，为农林牧业发展奠定基础。

3.1　沟头防护工程

　　沟头防护工程是指在沟头兴建的拦蓄或排除坡面暴雨径流，保护村庄、道路和沟头上部土地资源的一种工程设施。引起沟头侵蚀最主要的侵蚀营力是径流冲刷。沟头防护工程的主要作用是防止坡面径流由沟头进入沟道或使之有控制地进入沟道，从而制止沟头前进、沟底下切和沟岸扩张，并拦蓄坡面径流泥沙，提供生产和人畜用水。沟头侵蚀防护是沟道治理的起点。

3.1.1　沟头防护工程的分类

　　无论是沟头的前进还是沟床的下切和沟壁的扩张，主要都是由于径流的冲刷所引起的。因此，沟头防护主要是对沟头径流的防护，减弱或消除径流的冲刷作用。工程上常采用两种方法：一种方法是利用工程措施将沟头上部的来水或径流拦截即蓄的方式，不让径流进入沟头来消除径流的冲刷作用；另一种方法则是采取工程措施使径流在进入沟头时不与沟头进行直接的冲刷接触来减弱或消除径流的冲刷作用，达到对沟头侵蚀的防护目的。沟头以上坡面有天然集流槽，暴雨时坡面径流由此集中泄入沟头，引起沟头剧烈前进，该处则是修建沟头防护工程的重点位置。

　　根据沟头防护工程的作用，可将其分为蓄水式沟头防护工程和排水式沟头防护工程两类。

3.1.1.1　蓄水式沟头防护工程

　　当沟头上部来水较少且有适宜的地方修建沟埂或蓄水池，能够全部拦蓄上部来水时可采用蓄水式沟头防护工程，即在沟头上部修建沟埂或蓄水池等蓄水工程，拦蓄上游坡面径流，防止径流排入沟道。根据蓄水工程的种类，蓄水式沟头防护工程又分为沟埂式和围埂蓄水池式两种。

1. 沟埂式沟头防护工程

沟埂式沟头防护工程是在沟头上部 3~5 m 处的斜坡上,围绕沟头修筑与沟边大致平行的若干道封沟埂,同时在距封沟埂上方 1.0~1.5 m 处开挖与封沟埂大致平行的蓄水沟,拦蓄斜坡汇集的地表径流(见图 3-1)。

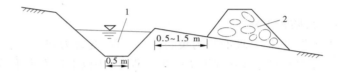

1—蓄水沟;2—封沟埂

图 3-1 沟埂式沟头防护断面图

沟埂视沟头坡面的完整或破碎情况做成连续或断续的围堰形式,如图 3-2 和图 3-3 所示。

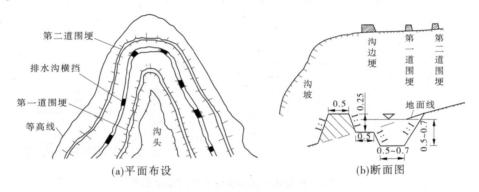

图 3-2 连续围堰示意图 （单位:m）

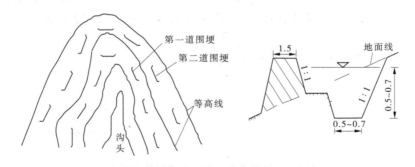

图 3-3 断续围堰示意图 （单位:m）

2. 围埂蓄水池式沟头防护工程

围埂蓄水池式沟头防护工程是当沟头以上坡面有较平缓低洼地段时,可在平缓低洼处修建蓄水池,同时围绕沟头前沿呈弧形修筑围埂,防止坡面径流进入沟道,围埂与蓄水池相连将径流引入蓄水池中,这样组成一个拦蓄结合的沟头防护系统。同时蓄水池内存蓄的水可以利用。

　　当沟头以上坡面来水较大或地形破碎时,可修建多个蓄水池,蓄水池相互连通组成连环蓄水池。蓄水池位置应距沟头前缘一定距离,以防渗水引起沟岸崩塌,一般要求距沟头10 m以上。蓄水池要设溢水口,并与排水设施相连,使超设计暴雨径流通过溢水口和排水设施安全地送至下游。蓄水池容积与数量应能容纳设计标准时上部坡面的全部径流泥沙。

3.1.1.2　排水式沟头防护工程

　　沟头防护应以蓄为主,做好坡面与沟头的蓄水工程,变害为利。

　　在下列情况下可考虑修建排水式沟头防护工程:沟头以上坡面来水量较大,蓄水式沟头防护工程不能完全拦蓄;由于地形、土质限制,不能采用蓄水式时,应采用排水式沟头防护工程把径流导至集中地点,通过排水建筑物有控制地把径流排泄入沟。

　　一般排水式沟头防护工程有台阶跌水式、悬臂跌水式和陡坡跌水式3种类型。

　　(1)台阶跌水式沟头防护工程:当沟头陡崖或陡坡高差较小时,用浆砌石修成跌水,下设消能设备,水流通过跌水安全进入沟道,如图3-4所示。

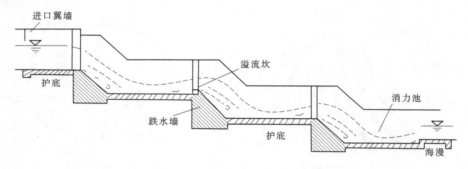

图3-4　台阶跌水式沟头防护工程纵剖面图

　　(2)悬臂跌水式沟头防护工程:当沟头陡崖高差较大时,用木制水槽或混凝土管悬臂置于土质沟头陡坎之上,将来水挑泄下沟,沟底设消能设施,如图3-5所示。

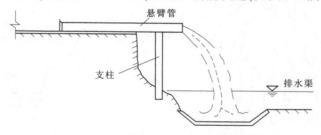

图3-5　悬臂跌水式沟头防护工程示意图

　　(3)陡坡跌水式沟头防护工程:陡坡是用石料、混凝土或钢材等制成的急流槽,因槽的底坡大于水流临界坡度,所以一般发生急流,如图3-6所示。陡坡跌水式沟头防护工程一般用于落差较小、地形降落线较长的地区。为了减少急流的冲刷作用,有时采用人工方法来增加急流槽的粗糙度。

　　当沟头以上有坡面天然集流槽时,暴雨中坡面径流由此集中泄入沟头,引起沟头剧烈前进。

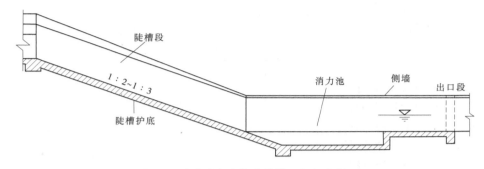

图 3-6　陡坡跌水式沟头防护工程示意图

沟头防护工程的主要任务是:制止坡面暴雨径流由沟头进入沟道或使之有控制地进入沟道,从而制止沟头前进,保护地面不被沟壑切割破坏。

当坡面来水不仅集中于沟头,而且在沟边另有多处径流分散进入沟道时,应在修建沟头防护工程的同时,围绕沟边,全面地修建沟边埂,制止坡面径流进入沟道。

沟头防护工程的防御标准是 10 年一遇 3~6 h 最大暴雨。根据各地不同降雨情况,分别采取当地最易产生严重水土流失的短历时、高强度暴雨。

当沟头以上集水面积较大(10 hm²)时,应该布设相应的治坡措施与小型蓄水工程,以减少地表径流汇集沟头。

3.1.2　沟头防护工程的设计

3.1.2.1　蓄水式沟头防护工程设计

1.断面尺寸设计

沟埂为土质梯形断面,埂高 0.8~1.0 m(根据来水量具体确定),顶宽 0.4~0.5 m,内外坡比各为 1:1(见图 3-7)。在上方封沟埂蓄满水之后,水将溢出。为了确保封沟埂安全,可在埂顶每隔 10~15 m 的距离挖一个深 20~30 cm、宽 1~2 m 的溢流口,并以草皮铺盖或石块铺砌,使多余的水通过溢流口流入下方蓄水沟埂内。

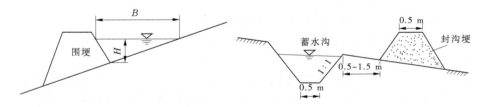

图 3-7　沟埂及蓄水沟示意图

来水量计算公式:

$$W = 10KRF \tag{3-1}$$

式中　W——来水量,m³;

　　　F——沟头以上集水面积,hm²;

　　　R——10 年一遇 3~6 h 最大降雨量,mm;

K——径流系数。

围埂蓄水量计算公式：

$$V = \frac{Lhb}{2} = \frac{Lh^2}{2i}$$ （3-2）

式中　V——蓄水量，m^3；

　　　L——围埂长度，m；

　　　b——回水长度，m；

　　　h——埂内蓄水深度，m；

　　　i——地面比降（%）。

断面尺寸取决于设计来水量、沟头地形及土质情况。其确定步骤是：首先根据当地经验数值及沟头地形情况初步拟定沟埂断面尺寸、沟埂长度，计算出沟埂的蓄水容积后进行比较。若设计来水量（可按 10~20 年一遇暴雨计算）比沟埂的蓄水容积小得多，则可缩小沟埂的尺寸及长度；若设计来水量大于沟埂的蓄水容积，则需要增设第二道沟埂；若蓄水容积接近设计来水量，则设计的沟埂断面满足要求。

2. 封沟埂位置

围埂位置应根据沟头深度确定。封沟埂距沟沿要有一定的安全距离，其大小以沟埂内蓄水发生渗透时不致引起岸坡滑塌为原则。第一道封沟埂与沟顶的距离一般等于 2~3 倍沟深，至少与沟顶相距 5~10 m，其他一般等于 2~3 倍沟深，至少相距 5~10 m，以免引起沟壁崩塌。各封沟埂间最小距离可用下式计算：

$$L = H/i$$ （3-3）

式中　L——封沟的间距，m；

　　　H——埂高，m；

　　　i——最大地面坡度（%）。

3.1.2.2　排水式沟头防护工程设计

设计流量计算公式：

$$Q = 278KIF \times 10^{-6}$$ （3-4）

式中　Q——设计流量，m^3/s；

　　　I——10 年一遇 1 h 最大降雨强度，mm/h；

　　　F——沟头以上集水面积，hm^2；

　　　K——径流系数。

悬臂式跌水沟头防护工程主要用于沟头为垂直陡壁、高 3~5 m 的情况，它由引水渠、挑流槽、支架及消能设施组成。在沟头上方水流集中的跌水边缘，用木板、石板、混凝土板或钢板等做成槽状，一端嵌入进口连接渐变段；另一端伸出崖壁，使水流通过水槽直接下泄到沟底，不让水流冲刷跌水壁，沟底应有消能措施，可用浆砌石作为消力池，或用碎石堆于跌水基部，以防冲刷。为了增加水槽的稳定性，应在其外伸部分设支撑或用拉链固定。

3.2　谷坊工程

谷坊又名防冲坝、沙土坝、闸山沟等，是山区沟道内为防止沟床冲刷及泥沙灾害而修筑的横向拦挡建筑物,是水土流失地区沟道治理的一种主要工程设施。谷坊的坝高一般小于 5 m,库容小于 0.5 万 m^3,淤地面积小于 0.2 hm^2,若超过该标准,一般称为淤地坝。

3.2.1　谷坊的作用

(1)修建谷坊后,水流的水力坡度减小,流速降低,因此水流对沟底的冲刷强度降低,固定和抬高侵蚀基准面,防止沟底下切。

(2)淤高沟床,稳定坡脚,抑制沟岸扩张及滑坡。

(3)减缓沟道纵坡,削减洪峰流量,降低山洪流速,减轻山洪或泥石流灾害。

(4)拦蓄泥沙,使沟道逐渐淤平,形成坝阶地,为发展农林业生产创造条件。

3.2.2　谷坊的分类

按照谷坊的建筑材料,分为土谷坊、石谷坊和植物谷坊三类;按照透水性,又可分为透水谷坊和不透水谷坊。透水谷坊有干砌石谷坊、带孔洞的浆砌石谷坊、格栅式钢筋混凝土谷坊、钢栅谷坊等。不透水谷坊有土谷坊、浆砌石谷坊、混凝土谷坊等。按照谷坊顶部能否过水,可分为过水谷坊和不过水谷坊。一般混凝土谷坊、砌石谷坊多设计成过水形式,土谷坊则不允许过水。

谷坊类型的选择取决于地形、地质、建筑材料、劳力、技术、经济、防护目标和对沟道利用的远景规划等多种因素,并且由于在一条沟道内往往需连续修筑多座谷坊,形成谷坊群,才能达到预期效果,因此谷坊所需的建筑材料也较多。国内各地所修的谷坊多为土谷坊、石谷坊和生物谷坊,其他谷坊一般在为保护铁路、公路、居民点和重要的工矿企业等有特殊防护要求的山洪、泥石流沟道中使用。选择类型应以能就地取材为好,即遵循"就地取材,因地制宜"的原则。在土层较厚的山沟内宜选用土谷坊;在土石山区,石料丰富,宜采用石谷坊或土石谷坊;在纵坡不大的小冲沟内,且有充足梢料时,可选用插柳谷坊;在坡陡流急,有石洪危害的沟壑中,应选择抗冲能力强、拦渣效果好的格栅谷坊、铅丝石笼谷坊和混凝土谷坊。

3.2.3　谷坊规划设计与布置

谷坊的主要作用是防止沟床下切,因此沟道是否需要修建谷坊取决于沟床是否处于冲刷与下切状态。沟道的下切冲刷与沟床的土壤、地质、植被、沟底纵坡、流速、流量等因素有关,当发生设计洪水时沟道流速低于沟床不冲流速,无须修建;否则,应考虑在沟段修建谷坊。一般情况下,沟底纵坡超过5%~10%的沟段需要布设谷坊群。

谷坊工程应在以小流域为单元的全面规划综合治理中与沟头防护、淤地坝等沟壑治理措施互相配合,以收到共同控制沟谷侵蚀的效果。

谷坊工程在防治沟蚀的同时,应充分利用沟中水土资源发展林果牧生产和小型水利,做到除害与兴利并举。

3.2.3.1　坝址选择

谷坊主要布设在沟底比降(5%~10%或更大)较大、沟底下切剧烈发展的流域的支毛沟中,自上而下,小多成群,组成谷坊群,进行节节拦蓄,分散水势,控制侵蚀,减少支毛沟径流泥沙对干沟的冲刷。

谷坊群布设应顶底相照、小多成群、工程量小、拦蓄效益大。通常选择沟道直段布设，避免在拐弯处布设。在有跌坎的沟道，应在跌坎上方布设，在沟床断面变化时，应选择较窄处布设。选择谷坊坝址时，应满足以下条件：

（1）谷口狭窄，坝前库容量较大，即"口小肚大"，上游有宽阔平坦的贮砂地方。

（2）地质条件好，沟床稳定。

（3）便于施工，取材方便。

3.2.3.2　防御标准

谷坊的防御标准一般取 10~20 年一遇 3~6 d 最大暴雨；根据各地降雨情况，分别采用当地最易产生严重水土流失的短历时高强度暴雨。谷坊上方集流面积采取水土保持措施，径流进行了控制时，设计标准可低些，部分进行了控制时，设计标准可适当提高；谷坊下游对径流控制要求高时应高些，反之可适当降低。

3.2.3.3　谷坊高度设计

谷坊高度应依据所采用的建筑材料来确定，以能承受水压力和土压力而不被破坏为原则。一般谷坊最高高度在 5 m 以下，常见为 1.5~3 m，设计时可参照下列情况选取：干砌石谷坊，1.5 m 左右；浆砌石谷坊，3.5 m 左右；土谷坊，3~5 m；插柳谷坊，1.0 m 左右。

另外，溢流谷坊堰顶水头流速应在材料允许耐冲流速范围以内，因此要通过溢流口水力计算校核后确定。为了使其牢固，以 1.5~3.0 m 为宜。

3.2.3.4　谷坊断面设计

谷坊断面设计必须因地制宜，要考虑既稳固又省工，还能让坝体充分发挥作用。土、石谷坊的断面一般为梯形。初砌土谷坊的断面时可按表 3-1 取值。

表 3-1　土谷坊断面尺寸

坝高（m）	临水坡（内坡）	临水坡（外坡）	坝顶宽（m）	坝脚宽（m）	每米长坝身需用土方（m³）	心墙尺寸（m）			
						上宽	下宽	底宽	高度
1.0	1:1	1:1	1.0	4.0	3.8	—	—	—	—
2.0	1:1.5	1:1	1.0	7.0	7.0	0.8	1.0	0.6	1.5
3.0	1:1.5	1:1.5	1.5	10.0	18.0	0.8	1.0	0.6	2.5
4.0	1:2.0	1:1.5	2.0	16.0	36.0	0.8	1.5	0.7	3.5
5.0	1:2.0	1:2.0	3.0	25.5	71.3	0.8	2.0	0.9	4.5

3.2.3.5　谷坊间距与数量设计

在有水土流失的沟段内布设谷坊时，需要连续设置，形成梯级，以保护该沟段不被水流继续下切冲刷。谷坊的间距可根据沟壑的纵坡和要求，按下列两种方法设计：

（1）谷坊淤积后形成完全水平的川台（有时可按照利用要求人为进行整平），即上谷坊与下谷坊的溢水口底（谷坊顶）高程齐平，做到顶底相照。这时谷坊的间距与沟床比降和谷坊高度有关，两谷坊的间距可按下式确定：

$$L = \frac{h}{i - i_0} \tag{3-5}$$

式中　L——谷坊间距，m；

　　　i_0——谷坊淤满后的比降；

　　　i——原沟床比降；

　　　h——谷坊高度（谷底至溢水口底），m。

如采用同高度的谷坊，沟壑中谷坊总数可按下式计算：

$$n = \frac{H}{h} \tag{3-6}$$

式中　n——谷坊数目，座；

　　　H——沟床加护段起点和终点的高程差，m。

（2）当沟床比降较陡时，如按淤成水平的川台设计，谷坊数过多，不符合经济原则，在这种情况下，往往允许两谷坊之间淤成后的台地具有一定的坡降，对应的坡度称为稳定坡度，如图 3-8 所示。

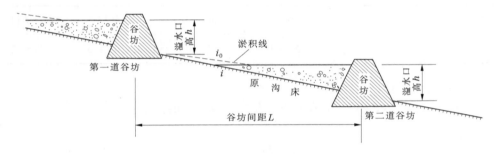

i_0—淤积后的沟床比降；i—原沟床比降

图 3-8　谷坊间距示意图

3.2.3.6　谷坊溢流口尺寸的确定

溢流口是谷坊的安全设施。它的任务是排泄过量洪水，以保障工程不被水毁。正确选择谷坊溢流口的形状和尺寸具有重要意义。溢流口的形状视岸边地基而定，如两岸为土基，为其免遭冲毁，应将溢流口修筑于中央，做成梯形；如两岸为岩基，常做成矩形。

土谷坊应将溢流口设置在较坚硬的土层上，可将溢流口设置在谷坊顶部。溢流口位置可设在沟岸，也可设在谷坊顶部。土谷坊不允许过水，溢水口一般设在土坝一侧沟岸的坚实土层岩基上（见图 3-9），当过水流量不大、水深不超过 0.2 m 时，可铺设草皮防冲；当水深超过 0.2 m 时，需用干砌石护砌。上下两座谷坊的溢洪口尽可能左右交错布设，对于土质较松软的沟岸应有防冲设施。

对两岸是平地、沟深小于 3.0 m 的沟道，坝端没有适宜开挖溢洪口的位置，可将土坝高度修到超出沟床 0.5~1.0 m 处，坝体在沟道两岸平地上各延伸 2~3 m，并用草皮或块石护砌，使洪水从坝的两端漫至坝下农、林、牧地，或安全转入沟谷，不允许水流直接回流到坝脚处。

砌石谷坊、铅丝笼谷坊、混凝土谷坊及插柳谷坊等允许洪水漫顶溢流，可在谷坊顶部中央留溢水口(见图 3-10)。溢流口断面形式常采用矩形和梯形。

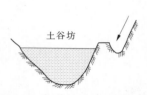

图 3-9　土谷坊溢水口示意图

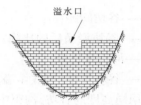

图 3-10　石谷坊溢水口示意图

　　溢流口有矩形和梯形两种,尺寸可按堰流流量公式确定,确定后尚需校核溢流口下游端流速是否小于材料的最大允许流速 $v_允$(见表 3-2),下游端流速可根据末端临界水深 h_k按下式计算:

$$v_允 = \frac{Qm}{h_k} \tag{3-7}$$

表 3-2　衬砌材料

材料种类	单层铺石	浆砌块石	混凝土	草皮	梢料
$v_允$(m/s)	2~3	3.5~6.0	5~10	1.0~1.5	1.5~2.0

谷坊工程量计算:

根据沟谷断面形式不同,分别按下列公式计算谷坊的体积:

矩形沟谷

$$V = \frac{LH}{2}(2b + mH) \tag{3-8}$$

V 形沟谷

$$V = \frac{LH}{6}(3b + mH) \tag{3-9}$$

梯形沟谷

$$V = \frac{H}{6}\left[L(3b + mH) + l(4b + 3mH)\right] \tag{3-10}$$

抛物线形(弧形)沟谷

$$V = \frac{LH}{15}(10b + 4mH) \tag{3-11}$$

式中　　V——谷坊体积,m³;

　　　　L——谷坊顶长度,m;

　　　　H——谷坊高度,m;

　　　　b——谷坊顶宽度,m;

　　　　l——梯形沟谷底宽度,m;

　　　　m——谷坊上、下游坡率总和,若上游坡率为 1:m_1,下游坡率为 1:m_2,则 $m = m_1 + m_2$。

3.3　拦沙(砂)坝工程

3.3.1　拦沙(砂)坝定义及功能

3.3.1.1　拦沙坝

拦沙坝是在沟道中以拦截泥沙为主要目的而修建的横向拦挡建筑物,主要适用于南方崩岗治理,以及土石山区多沙沟道的治理。拦沙坝坝高一般为 3~15 m,库容一般小于1 万 m³,工程失事后对下游造成的影响较小。拦沙坝的主要作用有拦蓄泥沙,减少泥沙对下游的危害,有利于下游河道的整治、开发,提高侵蚀基准面,固定沟床,防止沟底下切,稳定山坡与坡脚;淤出的沙地可复垦作为生产用地。

拦沙坝不得兼作塘坝或水库的挡水坝使用。对于兼有蓄水功能的拦沙坝,应按小型水库进行设计;坝高超过 15 m 的,按重力坝设计;对于有泥石流防治功能的拦沙坝,执行国土资源部《泥石流灾害防治工程设计规范》(DZ/T 0239—2004)中的相关规定。

3.3.1.2　拦砂坝

拦砂坝是以拦蓄山洪泥石流沟道中固体物质为主要目的的拦挡建筑物,主要用于山洪泥石流的防治,多建在主沟或较大的支沟内的泥石流形成区或形成区−流通区,坝高一般大于 5 m,拦砂量在 0.1 万 ~100 万 m³,甚至更大。拦砂坝主要用于南方地区沟谷治理,用来拦蓄泥沙(包括块石),调节沟道内水沙,以减少对下游的危害,便于下游河道的整治;提高坝趾的侵蚀基准,减缓坝上游淤积段河床比降,加宽河床,减小流速,从而降低水流侵蚀能力;稳定沟岸崩塌及滑坡,减小泥石流的冲刷及冲击力,防止溯源侵蚀,抑制泥石流发育规模。

3.3.2　拦砂坝的分类

3.3.2.1　按结构分类

1. 重力坝

重力坝是依靠坝体自重在地基上产生的摩擦力来抵抗坝后泥石流产生的推力和冲击力的坝型(见图 3-11),其优点是结构简单,施工方便,就地取材,耐久性强。

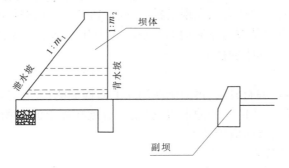

图 3-11　重力坝结构示意图

2. 土石坝

土石坝由当地土料、石料或混合料,经过抛填、碾压等方法堆筑而成。

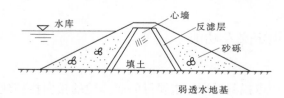

图 3-12 土石坝结构示意图

3. 切口坝

切口坝又称缝隙坝,是重力坝的变形,即在坝体上开一个或数个泄流缺口(见图 3-13)。它主要用于稀性泥石流沟,起拦截大砾石、滞洪、调节水位关系等作用。

4. 拱坝

拱坝是一种空间壳体结构,其坝体结构可近似看作由一系列凸向上游的水平拱圈和一系列竖向悬臂梁组成。建在沟谷狭窄、两岸基岩坚固的坝址处。拱坝在平面上呈凸向上游的弓形,拱圈受压应力作用,可将受到的力传递到两岸和地基,充分利用石料和混凝土的材料强度,具有很高的抗压强度,能够省工省料。但拱坝对坝址的地形地质条件要求很高,设计和施工较为复杂。

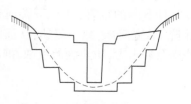

图 3-13 切口坝结构示意图

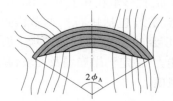

图 3-14 拱坝平面示意图

5. 格栅坝

格栅坝是泥石流拦砂坝中的一种重要的坝型(见图 3-15),近年来发展得很快,出现了多种新的结构。格栅坝可节省大量建筑材料(与整体坝比较,能节省 30% ~ 50%),坝型简单,使用期长;具有良好的透水性,可有选择性地拦截泥沙;还具有坝下冲刷小、坝后易于清淤等优点。另外,其主体可以在现场拼装,施工速度快。格栅坝的缺点是坝体的强度和刚度较重力坝小,格栅易被高速流动的泥石流龙头和大砾石击坏,需要的钢材较多,要求有较好的施工条件和熟练的技工。

6. 钢索坝

钢索坝是采用钢索编制成网,再固定在沟床上而构成的(见图 3-16)。这种结构具有良好的柔性,能消除泥石流巨大的冲击力,促使泥石流在坝上游淤积。这种坝结构简单,施工方便,但耐久性差,目前应用较少。

3.3.2.2 按建筑材料分类

1. 砌石坝

砌石坝可分为浆砌石坝和干砌石坝。砌石坝在结构上属于重力坝,凭借自身的重量

图 3-15　格栅坝结构示意图

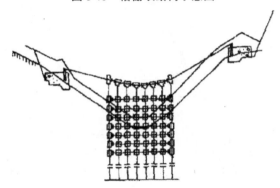

图 3-16　钢索坝结构示意图

来维持坝体的稳定。

1）浆砌石坝

浆砌石坝多用于泥石流冲击力大的沟道,结构简单,施工方便,是人们常用的一种坝型。但施工进度较慢,一般用的水泥较多,造价较高。其断面一般为梯形,但为了减少泥石流对坡面的磨损,坝下游面也可修成垂直的。泥石流溢流的过流断面最好做成弧形或梯形,在常流水的沟道中,也可修成复式断面。

浆砌石坝的坝轴线应尽可能选择在沟谷比较狭窄,沟床和两岸岩石比较完整或坚硬的地方。但泥石流沟道的覆盖层往往很厚,基础开挖难以达到基岩,为防止坝基不均匀沉降而使坝体裂缝,要沿坝长方向每隔 10~15 m 预留一道 2~3 cm 宽的构造缝。

浆砌石坝横断面一般为梯形,顶宽随坝高而不同,但不小于 1.0 m。为减少泥石流对坝面的磨损,下游坝面也垂直设置。为了排泄坝前积水或淤积物中的渗水,坝体内要布设排水管,排水管的水平间距为 3~5 m,垂直间距为 2~3 m。排水管尽量布置成梅花状,排水管向下游倾斜,坡度为 1/100~1/200。在坝的两端为了防止沟坡崩塌须加设边墙,其顶部应高出设计水(泥)位,长度视具体情况而定。

浆砌石重力坝示意图如图 3-17 所示。

2）干砌石坝

用石料干砌成的坝称为干砌石坝。干砌石坝的坝体是用块石交错堆砌而成的,坝面

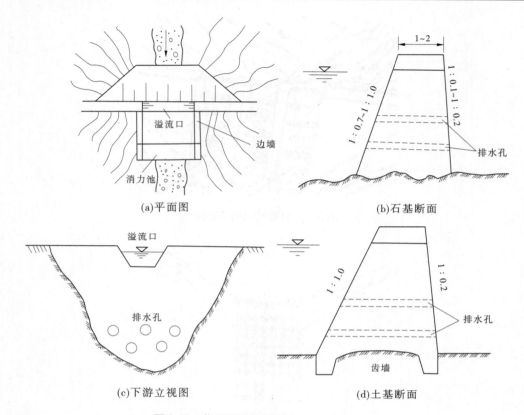

图 3-17　浆砌石重力坝示意图　（单位:m）

用大平板或条石砌筑,施工时要求块石上下左右之间相互"咬紧",不允许有松动、脱落的现象出现。干砌石坝的断面为梯形,均属透水性结构,只适用于小型山洪沟道,也是人们常用的坝型(见图 3-18)。

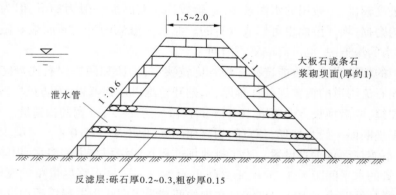

图 3-18　堆石坝、干砌石坝示意图　（单位:m）

　　干砌石坝断面较浆砌石坝的大,当坝高 3~5 m 时,顶宽为 1.5~2.0 m,一般上游为1:1,下游为 1:1~1:1.2。为减小作用在坝上的水压力和浮托力,坝体应设砌石排水管,管下设反滤层,由厚度为 0.2~0.3 m 的砾石和厚度为 0.15 m 的粗砂构成,排水管由大块石或条石做成。坝面为防泥石流冲击,应采用平板石或条石砌筑,各层间还须错开,保证坚固稳定。

上述两种坝,在石料充足的地区均可采用,堆石坝宜于机械施工,干砌石坝对石料规格尺寸要求较高,须熟练工人砌筑。

2. 土坝

泥石流拦砂土坝与淤地土坝不同,它主要考虑过泥石流时对坝面的冲刷作用,因而在坝体溢流部位须用浆砌块石或混凝土护面,且在下端设消能工。考虑到渗水后可能引起沉陷从而导致砌护坝面断裂,可在坝的上游侧设置黏土防渗墙,并在下游坡脚处设置反滤排水管(见图 3-19)。

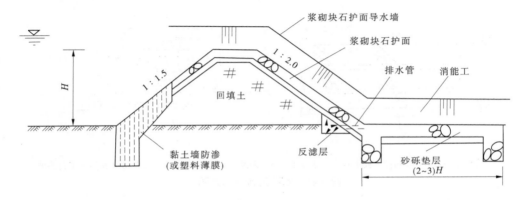

图 3-19　泥石流拦砂土坝断面示意图

我国黄土泥石流地区或固体物质粒径较小地区,可采用土坝作为拦砂坝。

3. 混合坝

混合坝可分为土石混合坝和木石混合坝。

1) 土石混合坝

当坝址附近土料丰富而石料不足时,可选用土石混合坝。土石混合坝的坝身用土填筑,而坝顶和下游坡面则用浆砌石砌筑。由于土坝渗水以后容易发生沉陷,因此坝的上游坡必须设置黏土隔水斜墙,下游坡脚设置排水管,并在其进水口处设置反滤层(见图 3-20)。当坝高为 5~10 m 时,上游坡比为 1:1.5~1:1.75,下游坡比为 1:2~1:2.5,顶宽为 2~3 m。由于泄洪时下游坡将受到卵石的冲击,需采用坚硬的大块石砌筑。

2) 木石混合坝

在盛产木材的地区,可采用木石混合坝。木石混合坝的坝身由木框架填石构成,为了防止上游坝面及坝顶被冲坏,常加砌石防护(见图 3-21)。

4. 铁丝石笼坝

铁丝石笼坝适用于小型荒溪,在我国西南山区较为多见。其特点是修筑简易,施工快,造价低,但使用寿命短,坝的整体性较差。铁丝笼坝由铁丝石笼堆砌组成,石笼之间用铁丝接紧。铁丝笼为箱形,尺寸一般为 0.5 m×1.0 m×3.0 m,先用 Φ12~Φ15 钢筋焊接框架,再用 10# 铅丝编制网孔。编制网孔的铁丝常用 10# 铁丝。为了增强石笼的整体性,

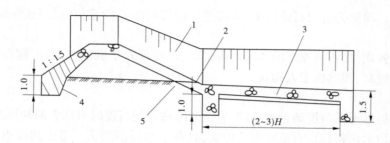

1—浆砌板石坝面;2—排水管;3—砂砾石垫层;4—红黏土斜墙;5—反滤层

图 3-20　土石混合坝示意图　（单位:m）

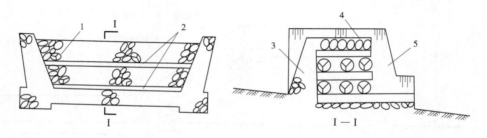

1—纵木直径大于 0.1 m;2—横木直径大于 0.1 m;3—防冲石垛;4—碎石面层 0.3~0.4 m;5—砌石护坡

图 3-21　木石混合坝示意图

往往在石笼之间再用铁丝加固。

3.3.3　拦沙坝布置

3.3.3.1　布置原则

拦沙坝布置应因害设防,在控制泥沙下泄、抬高侵蚀基准和稳定边岸坡体坍塌的基础上,应结合后续开发利用。

沟谷治理中拦沙坝宜与谷坊、塘坝等相互配合,联合运用。

崩岗地区单个崩岗治理,应按"上截、中削、下堵"的综合防治原则,在下游因地制宜地布设拦沙坝。

3.3.3.2　坝址与坝型选择

坝址选择应遵循坝轴线短、库容大、便于布设排洪泄洪设施的原则。

崩岗地区拦沙坝坝址应根据崩岗、崩塌体和沟道发育情况,以及周边地形、地质条件进行选择,包括在单个崩岗、崩塌体崩口处筑坝,或在崩岗、崩塌体群下游沟道筑坝两种形式。

土石山区拦沙坝坝址应根据沟道堆积物状况、两侧坡面风化崩落情况、滑坡体分布、上游泥沙来量及地形地质条件等选定。

拦沙坝坝型应根据当地建筑材料状况、洪水、泥沙量、崩塌物的冲击条件及地形地质条件确定,并进行方案比较。

坝轴线宜采用直线。当采用折线形布置时,转折处应设曲线段。

泄洪建筑物宜采用开敞式无闸溢洪道。重力坝可采用坝顶溢流,土石坝宜选择有利地形布设岸边泄水建筑物。

3.3.4　拦砂坝的设计

3.3.4.1　**断面设计**

坝的断面轮廓尺寸包括坝高、坝顶宽度以及上下游边坡的确定。

1. 坝高的确定

坝高等于坝顶高程与坝轴线原地貌最低点高程之差。拦沙坝坝高应由拦泥坝高 H_1、滞洪坝高 H_z 和安全超高 A 三部分组成。拦泥坝高为拦泥高程与坝底高程之差,滞洪坝高为校核(设计)洪水位与拦泥高程之差,拦泥高程和校核洪水位高程由相应库容查水位—库容关系曲线确定。坝顶高程为校核洪水位加坝顶安全超高,坝顶安全超高值可取 0.5~1.0 m。

2. 坝顶宽度的确定

可根据坝高 h 确定坝顶宽度 b:当 h 为 3~5 m 时,b 取 1.5 m;当 h 为 6~8 m 时,b 取 1.8 m;当 h 为 9~15 m 时,b 取 2.0 m。

3. 上下游边坡的确定

拦砂坝的上下游边坡依规范按所选的坝型的坝高选用。拦砂坝下游坝坡系数还可用下式估算:

$$n \leqslant v\sqrt{\frac{2}{gh}} \qquad\qquad (3\text{-}12)$$

或

$$n \leqslant 0.46v\frac{1}{\sqrt{h}} \qquad\qquad (3\text{-}13)$$

式中　n——下游坝坡系数;

　　　h——坝高,m;

　　　v——下游最小砾石的始动流速,m/s。

3.3.4.2　**拦砂坝的荷载及组合**

荷载是拦砂坝设计的主要依据之一,荷载计算是稳定分析的基础。作用在单位坝体上的力,按其性质不同可分为坝体自重、水压力、泥沙压力、扬压力、泥石流冲击力及地震力等。荷载计算一般按单位坝长进行分析。

1. 坝体自重

当拦砂坝为重力式时,坝体自重是维持拦砂坝稳定的主要荷载,可按下式确定:

$$G = V\gamma_c$$

式中　G——坝体自重,kN;

　　　V——坝的体积,m³;

　　　γ_c——筑坝材料的重度,kN/m³。

2. 水压力

静水压力可按水力学原理计算,当坝面倾斜或为折面时,为方便计算,常将作用在坝面上的水压力分为水平水压力和垂直水压力分别计算,见图 3-22 和图 3-23。

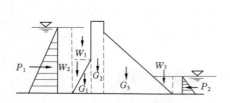

图 3-22　拦砂坝的静水压力

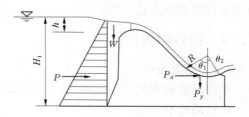

图 3-23　溢流坝的水压力

水平水压力:

$$P = \frac{1}{2}\gamma_w H_1^2 \tag{3-14}$$

垂直水压力:

$$W = A_w \gamma_w \tag{3-15}$$

式中　P——单位坝长上的水平水压力,作用在压力图形的形心,kN;

　　　γ_w——水的重度,kN/m³;

　　　H_1——坝前水深,m;

　　　W——单位坝长上的垂直水压力,作用在压力图形的形心,kN;

　　　A_w——压力图形的面积,m²。

3. 泥沙压力

拦砂坝建成挡水后,入库水流挟带的泥沙将逐年淤积于坝前,对坝体产生泥沙压力。设计时可根据经验取定,取淤积估算年限为 50 ~ 100 年,按主动土压力公式计算泥沙压力。

$$P_n = \frac{1}{2}\gamma_n h_n^2 \tan^2\left(45° - \frac{\varphi_n}{2}\right) \tag{3-16}$$

式中　P_n——坝前泥沙压力,kN;

　　　γ_n——泥沙的浮重度,t/m³;

　　　h_n——泥沙的淤积厚度,m;

　　　φ_n——泥沙的内摩擦角,(°),对于淤积时间较长的粗颗粒泥沙 $\varphi_n = 18° ~ 20°$,对于黏土质泥沙 $\varphi_n = 12° ~ 14°$,对于淤泥、黏土和胶质颗粒 $\varphi_n = 0°$。

上游坝面倾斜或有折坡设置时,除计算水平向泥沙压力 P_n 外,还应计算垂直泥沙压力,垂直泥沙压力可按作用在坝面上的土重计算。

4. 扬压力

扬压力由上下游水位差产生的渗透压力和下游水深产生的浮托力两部分组成。渗透压力是由上下游水位差产生的渗流在坝内或坝基面上形成向上的压力;浮托力是由下游水深淹没坝体计算截面产生向上的压力。其大小可按扬压力分布图进行计算。

影响扬压力分布及数值的因素很多,设计时根据坝基地质条件、防渗及排水措施、坝体的结构形式等综合考虑扬压力计算图形。拦砂坝一般不设防渗帷幕和排水孔,此时扬压力的计算图形如图 3-24 所示,计算公式如下:

浮托力

$$U_1 = A_1 \gamma_w \qquad (3-17)$$

$$A_1 = H_2 T \qquad (3-18)$$

渗透压力

$$U_2 = A_2 \gamma_w \qquad (3-19)$$

$$A_2 = \frac{1}{2}(H_1 - H_2)T \qquad (3-20)$$

扬压力

$$U = U_1 + U_2 \qquad (3-21)$$

式中　U——扬压力,kN;

U_1——浮托力,kN;

U_2——渗透压力,kN;

A_1——浮托力分布面积,m²;

A_2——渗透压力分布面积,m²;

γ_w——水的重度,kN/m³;

T——坝底宽度,m;

H_1——上游水深,m;

H_2——下游水深,m。

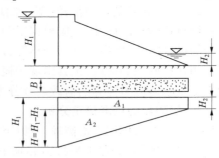

图 3-24　扬压力计算示意图

5. 泥石流冲击力

泥石流冲击力即泥石流的动压力,计算公式如下:

$$P_{冲} = K\rho v_c^2 \sin\alpha \qquad (3-22)$$

式中　$P_{冲}$——泥石流冲击力,kN;

K——泥石流压力系数,取决于龙头特性,一般取 1.3;

ρ——泥石流密度,kg/m³;

v_c——泥石流流速,m/s;

α——泥石流流向与坝轴线的交角,(°)。

6. 地震力

在地震区,大型拦砂坝的设计应考虑地震力的作用。地震作用通常有两种力,即地震惯性力及地震泥沙压力。

地震惯性力是指由于地震动荷载的作用,坝体产生水平地震惯性力和竖向地震惯性力。设计中一般只考虑水平地震惯性力。

水平地震惯性力由下式计算:

$$S = K_C \alpha \beta G \qquad (3-23)$$

式中　S——水平地震惯性力;

K_C——地震系数,当地震烈度为Ⅶ、Ⅷ、Ⅸ时,值分别为 0.025、0.05、0.10;

α——建筑物的惯性分散系数;

β——地基对惯性力的影响系数,砂砾质沟床约为 1.5;

G——单位长度坝体重。

$$\alpha = 1.0 + 1.5 \frac{y}{H} \tag{3-24}$$

式中　y——断面重心至坝基的高度；

　　　H——坝高。

地震泥沙压力是指在地震作用下,库内淤积物的内摩擦角要减小一定角度(地震烈度为Ⅶ、Ⅷ时减小 3°~5°,地震烈度为Ⅸ时减小 6°),因而相对地增加了一部分泥沙压力。在这种情况下,地震泥沙压力的计算公式为

$$Q_C = (1 + 2K_C \tan\varphi)P_{泥} \tag{3-25}$$

式中　Q_C——地震作用下的泥沙压力;

　　　φ——淤积物的内摩擦角(等于因地震作用减少的那部分)。

在进行拦砂坝的设计时,应根据"可能性和最不利"的原则,把各种荷载合理地组合成不同的设计情况,然后进行安全核算,以妥善解决安全和经济的矛盾。

作用在拦砂坝的荷载,按其出现的概率和性质,可分为基本荷载和特殊荷载。拦砂坝抗滑稳定及坝体应力计算的荷载组合分为基本组合和特殊组合两种情况。

3.3.4.3　拦砂坝的抗滑稳定分析

拦砂坝在外力作用下遭破坏,有以下几种情况:①坝基摩擦力不足以抵抗水平推力,因而发生滑动破坏;②在水平推力和坝下渗透压力的作用下,坝体绕下游坝趾的倾覆破坏;③坝体强度不足以抵抗相应的应力,发生拉裂或压碎。拦砂坝的稳定应根据坝基的地质条件和坝体剖面形式,选择受力大、抗剪强度较低,最容易产生滑动的截面作为计算截面。

1. 坝的抗滑稳定计算

坝体是否滑动,主要取决于坝体本身重量压在地面上所产生的摩擦力大小。如果摩擦力大于水平推力,则坝不会滑动。当把坝体与基岩看成一个接触面,而不是胶结面时,即坝体属平面滑动时,坝的抗滑稳定计算按抗剪强度公式计算:

$$K_s = \frac{f \sum N}{\sum P} \tag{3-26}$$

式中　K_s——按抗剪强度公式计算的抗滑稳定安全系数,见表 3-3;

　　　f——坝体与坝基接触面的抗剪摩擦系数;

　　　$\sum N$——坝体垂直力的总和,向下为正、向上为负,kN;

　　　$\sum P$——坝体水平作用力的总和,向下游为正、向上游为负,kN。

表 3-3　抗滑稳定安全系数 K_s

荷载组合		坝的级别		
		1	2	3
基本组合		1.10	1.05	1.05
特殊组合	(1)	1.05	1.00	1.00
	(2)	1.00	1.00	1.00

如果坝基设有齿墙,且齿墙的深度相同,则计算中应考虑齿墙之间的土壤黏结力,在这种情况下,坝体抗滑稳定应按抗剪断强度公式计算:

$$K'_s = \frac{f_0 \sum N + c'A}{\sum P}$$ （3-27）

式中　K'_s——按抗剪断强度公式计算的抗滑稳定安全系数,见表 3-4;

　　　　f_0——坝体与坝基接触面的抗剪摩擦系数;

　　　　c'——坝体与坝基接触面的抗剪断黏结力;

　　　　A——坝体与坝基接触面的面积。

表 3-4　基面抗滑稳定安全系数 K'_s

荷载组合		K'_s
基本组合		3.0
特殊组合	(1)	2.5
	(2)	2.3

2. 坝基应力计算

浆砌石坝(包括混凝土坝)的抗拉强度很低,如果坝体上游面出现拉应力,则容易产生裂缝,水流渗入裂缝,影响坝体强度。因此,在浆砌石坝设计时,不容许坝体上游面出现拉应力,因此需要对坝体设计进行应力验算。当坝脚上下游垂直应力不超过允许值时就认为满足强度要求。计算公式如下:

上游面应力

$$\sigma_{上} = \frac{\sum N}{T}\left(1 - \frac{6e}{T}\right)$$ （3-28）

下游面应力

$$\sigma_{下} = \frac{\sum N}{T}\left(1 + \frac{6e}{T}\right)$$ （3-29）

式中　$\sigma_{上}$——上游面坝基应力,kg/cm²,当 $\sigma_{上}>0$ 时,不产生拉应力;

　　　　$\sigma_{下}$——下游面坝基应力,kg/cm²;

　　　　T——坝底宽度,m;

　　　　$\sum N$——计算截面以上所有垂直分力的代数和,以向下为正,kN;

　　　　e——合力作用点至坝底中心点的距离,m,$e = \dfrac{M}{N}$,当 $e \leqslant \dfrac{b}{6}$ 时,坝体不会产生拉应力,M 为所有作用在坝上的各力对坝底中心点力矩的代数和,顺时针为负、逆时针为正。

3.3.4.4　溢流口设计

1. 溢流口形状

一般溢流口的形状为梯形(见图 3-25),边坡坡度为 1∶0.75～1∶1。对于含固体物很多的泥石流沟道,可为圆弧形。

2. 坝址处设计洪峰流量

坝址处设计洪峰流量即溢洪道最大
下泄流量。

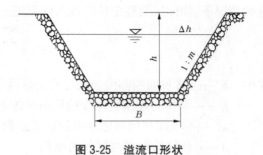

图 3-25　溢流口形状

3. 溢流口宽度

根据坝下的地质条件,选定单宽溢
流流量 q,估算溢流口宽度 B。

$$B = \frac{Q}{q} \qquad (3\text{-}30)$$

4. 溢流口水深

$$Q = MBH_0^{1.5} \qquad (3\text{-}31)$$

式中　Q——溢流口通过的流量,$\mathrm{m^3/s}$;

B——溢流口的底宽,m;

H——溢流口的过水深度,m;

M——流量系数,通常选用 $1.45 \sim 1.55$,溢流口表面光滑者用较大值,表面粗糙者
用小值,一般取 1.50。

当溢流口为梯形断面,且边坡为 1:1 时:

$$Q = (1.77B + 1.42H_0)H_0^{1.5} \qquad (3\text{-}32)$$

根据式(3-31)、式(3-32)进行试算,如水深过高或过低,可调整底宽,重新计算,直到
满意。

5. 安全超高

$$H_0 = h_c + \Delta h \qquad (3\text{-}33)$$

式中　Δh——安全超高,一般取 $0.5 \sim 1.0$ m。

3.3.4.5　拦砂坝的消能防冲设计

1. 坝下消能

由于山洪及泥石流从坝顶下泄时具有很大能量,对坝下基础及下游沟床将产生冲刷
和变形,因此应设消能设施。拦砂坝坝下消能设施常用护坦消能、子坝(副坝)消能。

1)护坦消能

护坦消能适用于大流量的山洪,且坝
高较大时采用。护坦是坝下消能的重要
设施。它通过在主坝下游修建消力池来
消能。消力池由护坦和齿坎组成,齿坎的
坎顶应高出原沟床 $0.5 \sim 1.0$ m,齿坎到主
坝设护坦,护坦多用浆砌块石砌筑,长度
一般为 $2 \sim 3$ 倍主坝高。护坦消能消力池
结构见图 3-26。

护坦厚度可用下面的经验公式估算:

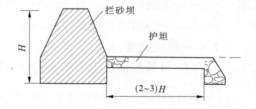

图 3-26　护坦消能消力池结构

$$b = \sigma\sqrt{q\sqrt{z}} \tag{3-34}$$

式中　b——护坦厚度，m；

　　　q——单宽流量，$m^3/(s \cdot m)$；

　　　z——上下游水位差，m；

　　　σ——经验系数，一般为 0.175~0.2。

2）子坝（副坝）消能

子坝（副坝）消能适用于大中型山洪或泥石流荒溪。这种消能设施是在主坝的下游设置一座子坝（副坝），形成消力池，以削减过坝山洪或泥石流的能量（见图 3-27）。子坝（副坝）的坝顶应高出原沟床 0.5~1.0 m，以保证子坝（副坝）回淤线高于主坝基础顶面。子坝（副坝）与主坝间的距离可取 2~3 倍主坝坝高。

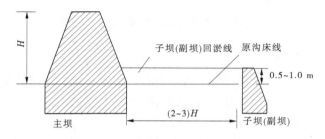

图 3-27　子坝（副坝）消能消力池结构

2. 坝下冲刷深度估算

坝下冲刷深度估算的目的在于合理确定坝基的埋设深度，在初步设计时可参照过坝水流的公式进行估算：

$$T = 3.9^{0.5}\left(\frac{q}{d_m}\right)^{0.25} - h_i \tag{3-35}$$

式中　T——从坝下原沟床面起算的最大冲刷深度，m；

　　　q——单宽流量，$m^3/(s \cdot m)$；

　　　d_m——坝下沟床的标准粒径，mm，一般可用泥石流固体物质的 d_{90} 代替，以质量计，90%的颗粒粒径比 d_{90} 小；

　　　h_i——坝下沟床水深，m。

3.3.5　拦砂量的计算

对坝高已定的拦砂坝库容的计算可按下列步骤进行：

（1）绘制坝址以上沟道纵断面图，并按山洪或泥石流固体物质的回淤特点，画出回淤线。

（2）在库区回淤范围内，每隔一定间距测绘横断面图。

（3）根据横断面图的位置及回淤线，求算出每个横断面的淤积面积。

（4）求出相邻两断面之间的体积，计算公式为

$$V = \left(\frac{W_1 + W_2}{2}\right)L \tag{3-36}$$

式中　V——相邻两横断面之间的体积,m^3;

　　　W_1、W_2——相邻横断面面积,m^2;

　　　L——相邻横断面之间的水平距离,m。

(5)将各部分体积相加,即为拦砂坝的拦砂量。

推求拦砂量还可根据下式计算:

$$V = \frac{1}{2} \frac{mn}{m-n} bh^2 \qquad\qquad (3\text{-}37)$$

式中　V——拦砂量,m^3;

　　　b、h——拦砂坝堆沙段平均宽度、高,m;

　　　n——原沟床纵坡比降;

　　　m——堆沙区表面比降。

当堆沙表面比降采用原沟床比降的 1/2 时,$m = 2n$,$V = nbh^2$。

3.3.6　拦砂坝的地基处理

拦砂坝的地基处理一般包括坝基开挖与清理,对基岩进行固结灌浆和防渗帷幕灌浆,设置排水系统,对特殊软弱带如断层、破碎带进行专门的处理等。

3.3.6.1　坝基开挖与清理

坝基开挖与清理的目的是使坝体坐落在稳定、坚固的地基上。开挖深度应根据坝基应力、岩石强度及完整性,结合上部结构对地基的要求和地基加固处理的效果、工期和费用等研究决定。高坝可建在新鲜、微风化或弱风化下部基岩上;中坝可建在微风化或弱风化上部基岩上。

3.3.6.2　坝基的固结灌浆

在重力式拦砂坝工程中,可采用浅孔低压灌注水泥浆的方法对地基进行加固处理,称为固结灌浆。固结灌浆的目的是提高基岩的整体性和强度,降低地基的透水性。固结灌浆孔一般布置在应力较大的坝踵或坝趾附近,以及节理裂隙发育和破碎带范围内。固结灌浆孔呈梅花形布置,孔距、排距和孔深根据坝高、基岩的构造情况确定,一般孔距 3~4 m,孔深 5~8 m,坝踵或坝趾处深而密,远离坝踵或坝趾浅而疏,如图 3-28 所示。

3.3.6.3　坝基的防渗帷幕灌浆

坝基的防渗处理常采用布置防渗帷幕的措施。设置帷幕的目的是降低坝底的渗透压力,防止坝基内产生或减少管涌,减少坝基和绕渗渗透流量。如图 3-29 所示,若两岸相对不透水层较浅,则帷幕灌浆应由河床向两岸延伸一定距离与两岸相对不透水层衔接起来;若两岸相对不透水层较深,则将帷幕伸入原地下水位线与最高库水位交点以内。帷幕灌浆是在靠近上游坝基布设一排或几排深钻孔,利用高压灌浆充填基岩内的裂隙和孔隙等渗水通道,在基岩中形成一道相对密实的阻水帷幕,见图 3-29。

帷幕的深度相对不透水层埋深较浅,深入到该岩层 3~5 m;帷幕的深度相对不透水层埋深较深,帷幕所及岩层的单位吸水率 ω 满足下列要求:

高坝(70 m 以上):$\omega < 0.01$ L/(min·m);

中坝(30~70 m):$\omega = 0.01 \sim 0.03$ L/(min·m);

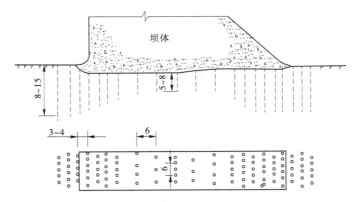

图 3-28　固结灌浆孔布置示意图　（单位:m）

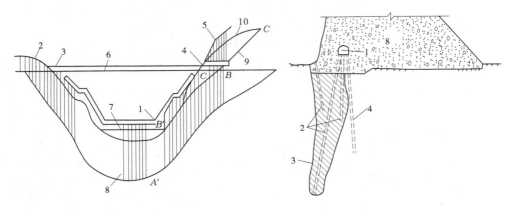

1—坝基灌浆排水廊道;2—灌浆孔;3—灌浆帷幕;4—排水孔幕;5—ϕ 100 排水钢管;
6—ϕ 100 三通;7—ϕ 75 预埋钢管;8—坝体;9—原地下水位线;10—蓄水后地下水位线

图 3-29　防渗帷幕和排水孔幕布置

低坝(30 m 以下):$\omega = 0.03 \sim 0.05$ L/(min·m)。

3.3.6.4　坝基的排水

当地基条件好,地基的透水性与帷幕的透水性相差很小时,可不设帷幕灌浆只设排水;地基条件差,透水性强的基础,只设帷幕灌浆不设地基排水。

地基排水设施包括主排水孔、辅助排水孔、纵(横)排水廊道等。

当在松散的堆积层上建坝时,由于基底的摩擦系数小,必须用增加垂直荷重的方法来增大摩擦力,以保证坝体抗滑稳定性。增加垂直荷重的办法,是将坝底宽度加大,这样不仅可以增加坝体重量,而且能利用上游面的淤积物作为垂直荷重。

3.3.6.5　坝基软弱破碎带的处理

对于垂直河流方向的陡倾角断层破碎带,常采用混凝土塞进行加固;混凝土塞是将破碎带挖除至一定深度后回填混凝土,以提高地基局部的承载力。

对于顺河流方向的陡倾角断层破碎带,须同时做好坝基加固和防渗处理,常用的方法有钻孔灌浆、设置混凝土防渗墙和防渗塞等。

对缓倾角破碎带,除应在顶部做混凝土塞外,还应沿破碎带挖若干个斜井和平洞,如

图 3-30 所示,用混凝土回填密实,形成斜塞和水平塞(刚性骨架),封闭破碎物,以提高地基承载力。

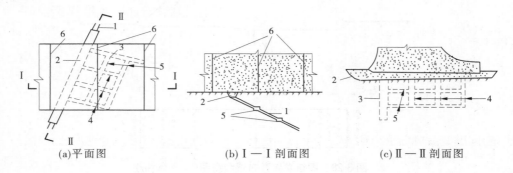

(a)平面图　　　　　　　　(b)Ⅰ—Ⅰ剖面图　　　　　　　　(c)Ⅱ—Ⅱ剖面图

1——断层破碎带;2——地表混凝土塞(水平塞);3——阻水斜塞;
4—加固斜塞;5—平洞回填(水平塞);6—伸缩缝

图 3-30　断层破碎带的处理

对于软弱夹层,可采取设置混凝土塞、混凝土深齿墙、钢筋混凝土抗滑桩和进行预应力锚索加固等措施(见图 3-31)。

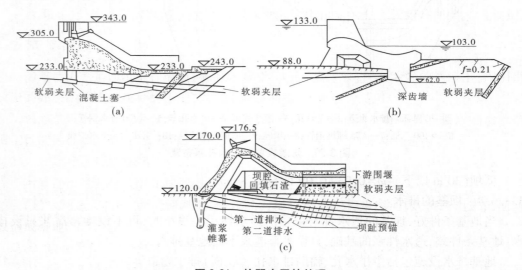

图 3-31　软弱夹层的处理

第 4 章　护岸与河道整治工程

4.1　护岸工程

各种类型的河段,在自然情况或受人工控制的条件下,由于水流与河床的相互作用,常造成河岸的崩塌而改变河势,危及农田及城镇村庄的安全,破坏水利工程的正常运用,给国民经济带来不利影响。修筑护岸与治河工程,就是为了抵抗水流冲刷,变水害为水利,保障农业生产,保证城镇、村庄及河道的安全。

4.1.1　河道横向侵蚀的机制

4.1.1.1　横向侵蚀和弯道水流的特性

横向侵蚀一般是指河(沟)道与流向垂直的两侧方向的侵蚀,如河(沟)岸崩塌,沟道被冲刷而变宽等现象。

发生横向侵蚀原因有两种:一种是河床纵向侵蚀的影响,由于河床下切而使河床失去稳定;另一种是山洪、泥石流流动时水流弯曲引起横向冲刷所造成的。如果谷坊、拦沙坝等制止河底下切的建筑物修筑得很恰当,则主要的问题就在于水流弯曲所引起的不利影响。影响水流弯曲的因素很多,如河床上的突出岩石、沉积的泥沙堆、两岸的不对称等。据调查,一般弯道部分占总长的 80% ~ 90%,而直段仅占总长的 9% ~ 20%。水流在直段上的水深、流速及含沙量的分布是比较均匀的,而在弯道的情况恰恰相反。在弯道上,当水流做曲线运动时,必然产生指向凹岸方向的离心力,水流为了平衡这个离心力,通过调整,使得凹岸方向水面增高,凸岸方向水面降低,形成横向比降(见图 4-1)。

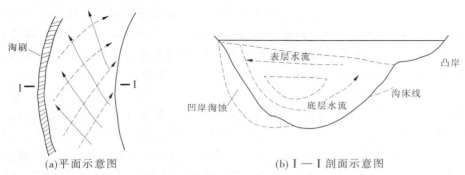

(a)平面示意图　　　　　　　　　　(b) Ⅰ—Ⅰ剖面示意图

图 4-1　弯道环流示意图

因水流所受离心力的大小与水流流速的二次方成正比,而河道水流流速的分布是表层大、底层小,故表层水流所受的离心力大,并沿水深逐渐减小,又因离心力的方向与横向水位差所引起的水压力的方向相反,故两种作用力的合力方向就是水流运动的方向。因此,表层的水流向凹岸,底层的水流向凸岸,从而形成环流[见图 4-1(b)],整个水流呈螺旋状前进。

弯道泥沙运动与螺旋流关系极为密切,在横向环流的作用下,表层含沙量较小的水流不断流向凹岸并下插河底,而底层含沙量较大的水流不断流向凸岸并爬上沙滩,形成横向输沙不平衡,再加上纵向水流对凹岸的顶冲作用,凹岸岸坡被冲刷而崩塌,崩塌下来的泥沙随底部横向水流被挟带到凸岸,而挟带大量泥沙的底流,在重力的作用下把泥沙淤积于凸岸,底流在接近凸岸处转而向上流动,到达表层后又流向凹岸,重新使凹岸冲刷坍塌,横向侵蚀继续发展。这样发展的结果,弯道凹岸便成为水深流急的主流深槽,而凸岸则成为水浅流缓的浅滩。如果凹岸不够坚固,就会使弯道向下移动。弯道推移质泥沙的运动情况和底部流速、流向及河床形态有关。

4.1.1.2　河道演变的机制

1. 基本原理

河道的演变形式可分为两种:一种是河道沿流程纵深方向上发生的变形,称为纵向变形;另一种是河道与流向垂直的两侧方向上发生的变形,称为横向变形。

河道的纵向变形反映在河床的抬高和刷深;横向变形的总趋势是河道不断向凹岸冲刷发展,而凸岸则不断淤积。

河道演变的原因极其复杂,千差万别,但其根本原因是输沙的不平衡。当上游来沙量大于本河段的挟沙能力时,会产生淤积,河床升高;当上游来沙量小于本河段的挟沙能力时,产生冲刷,河床下降,河床的横向变形也是横向输沙不平衡引起的。

由输沙不平衡所引起的变形,在一定的条件下,往往朝着使变形速度停止的方向发展,即河床发生淤积和冲刷时,其淤积及冲刷浓度将逐渐减小,甚至停止,这种现象称为河床及水流的自我调整作用。在淤积与冲刷的发展过程中,河床及水流进行自我调整,通过改变河宽、水深、比降及床沙的组成使本河段的挟沙能力与上游的来沙条件趋于相适应,从而促使淤积与冲刷速度由变缓向停止的方向发展。

河床和水流的自我调整作用,虽会使淤积与冲刷的速度变缓甚至停止,但由输沙不平衡所引起的河床的变形却是绝对的,其基本原因是:上游的来水来沙条件总是不断因时变化的,必然引起旧的输沙平衡的破坏,使变形又从新的一个起点开始。另外,即使上游来沙来水条件不变,河床上的沙波运动仍然是存在的,河床仍然处于经常不断的变形过程之中。由此可见,河道中的泥沙运动总是处于输沙不平衡状态。

2. 影响河道演变的因素

影响河道演变的主要因素是:①河段的来水量及其变化过程;②河段的来沙量,来沙组成及其变化过程;③河段的比降;④河段的河床形态及地质情况。其中,第①、③两个因素决定河段水流挟带泥沙的能力;第②个因素决定河段的来沙数量及其泥沙组成,在一定的水流条件下,如果河段的来沙量大,泥沙组成粗,则将有利于使河道发生淤积;如果河段的来沙量小,泥沙组成细,则将有利于使河道发生冲刷。

前面已指出,河道演变的基本原因是输沙不平衡。第①、②、③三个因素,就是决定输沙不平衡的基本因素。如果河段的来水量大,河谷比降大,水流挟带泥沙的能力大,而河段的来沙量小,则来沙量不能满足水流挟沙能力的要求,形成输沙不平衡,河床将发生冲刷,此时如泥沙组成细,则将使冲刷加剧。相反,如河段的来水量小,河谷比降小,水流挟带泥沙的能力小,而河段的来沙量大,则来沙量已经超过水流挟沙能力的要求,形成输沙不平衡,河床将发生淤积,此时如果泥沙组成粗,将使淤积加重。第④个因素则决定着河床的边界条件。河段的河床形态对水流条件影响甚大,而地质情况又决定河床抵抗冲刷的能力。

总之,以上4个因素,是水流与河床两个矛盾方面的决定因素,它们在相互依赖与相互斗争的过程中,决定与影响着河道的演变发展。要使河道更好地造福人类,就必须根据河道的演变规律,开展近自然的河道治理工程,使生态环境沿着良性的轨道发展。

4.1.1.3　横向侵蚀的防治

一般来说,在山洪流经的途径上,弯道是很多的,再加上坡度一般很陡,要把山洪流经的途径进行全面的整治,从人力、物力和自然条件来考虑都是不可能的,通常有以下几种防治方法:

(1)将沟槽部分裁弯取直,控制凹岸发展。但在沟道裁弯取直后,由于比降增大,可能使山洪的流速增大,使纵向侵蚀加剧,因而必须考虑沟床的稳定性问题,并设置恰当的防止沟底下切的建筑物。

(2)除去沟床的凸出岩石,沉积泥沙堆。山洪流经障碍物时,必然要改变方向,从而发生弯曲导致横向侵蚀,清除障碍物后并辅以适当的导流工程,使水流按一定方向顺流,则可防止横向冲刷的作用。

(3)设置护岸工程与整治建筑物,以控制河岸发展和改善弯道,这是防止横向侵蚀的主要办法。

应该指出,护岸工程与整治建筑物是有所区别的,护岸工程用来保护沟岸免受山洪和泥石流冲刷,一般不具有导流的作用;而整治建筑物的主要目的是改变山洪及泥石流的流向,它有导流和护岸的双重作用。

4.1.2　护岸工程的概念及设计

4.1.2.1　护岸工程的目的及种类

防治山洪的护岸工程与一般平原、河流的护岸工程并不完全相同,主要区别在于横向侵蚀使沟岸崩塌破坏后,由于山区较陡,还可能因下部沟岸崩塌而引起山崩,因此护岸工程还必须起到防止山崩的作用。

1.护岸工程的目的

沟道中设置护岸工程,主要用于下列情况:

(1)山洪、泥石流冲击使山脚遭受冲刷而有山坡崩塌危险的地方。

(2)在有滑坡的山脚下,设置护岸工程兼起挡土墙的作用,以防止滑坡及横向侵蚀。

(3)用于保护谷坊、拦沙坝等建筑物。谷坊或淤地坝淤沙后,多沉积于沟道中部,山洪遇堆积物常向两侧冲刷,如果两岸岩石或土质不佳,就需设置护岸工程,以防止冲塌沟岸而导致谷坊或拦沙坝失事;在沟道窄而溢洪道宽的情况下,如果过坝的山洪流向改变,也可能危及沟岸,这时也需设置护岸工程。

(4)沟道纵坡陡急、两岸土质不佳的地段,除修谷坊防止下切外,还应修建护岸工程。

2.护岸工程的种类

护岸工程一般可分为护坡与护基(护脚)两种工程。枯水位以下称为护基工程,枯水位以上称为护坡工程。根据其所用材料的不同,又可分为干砌片石、浆砌片石、混凝土板、铁丝石笼、木桩排、木框架与生物护坡等。此外,还有混合型护岸工程,如木桩植树加抛石,抛石植树加梢捆护岸工程等。

为了防止护岸工程被破坏,除应注意工程本身质量外,还应防止因基础被冲刷而遭受破坏。因此,在坡度陡急的山洪沟道中修建护岸工程时,常需同时修建护基工程,如果下游沟道坡度较缓,一般不修建护基工程,但护岸工程的基础需有足够的埋深。

护基工程有多种形式,最简单的一种是抛石护基,即用比施工地点附近的石块更大的石块铺到护岸工程的基部进行护底[见图 4-2(a)],其石块间的位置可以移动,但不能暴露沟底,以免基础受洪水冲刷淘深,且较耐用并有一定挠曲性,是较常用的方法。在缺乏大石块的地区,可采用梢捆[见图 4-2(b)]或木框装石[见图 4-2(c)]的护基工程。

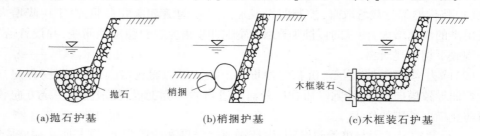

(a)抛石护基　　　　　　　(b)梢捆护基　　　　　　　(c)木框装石护基

图 4-2　护基工程示意图

4.1.2.2　护岸工程的设计与施工

1.护岸工程的设计原则

(1)在进行护岸工程设计之前,应对上下游沟道情况进行调查研究,分析在修建护岸工程之后,下游或对岸是否会发生新的冲刷,确保沟道安全。

(2)为减少水流冲毁基础,护岸工程应大致按地形设置,并力求形状没有发生急剧的弯曲。此外,应注意将护岸工程的上游及下游部分与基岩、护基工程及已有的护岸工程连接,以免在护岸工程的上下游发生冲刷作用。

(3)护岸工程的设计高度,一方面要保证山洪不致漫过护岸工程,另一方面应考虑护岸工程的背后有无崩塌的可能。如有崩塌可能,则应预留出堆积崩塌沙石的余地,即使护岸工程离开崩塌有一定的距离并有足够的高度,如不能满足高度的要求,则可沿岸坡修建向上斜坡的横墙,以防止背后侵蚀及坡面的崩塌。

(4)在弯道段凹岸水位较凸岸水位高,因此凹岸护岸工程的高度应更高一些,凹岸水位比凸岸水位高出的数值(ΔH)可近似地按下式计算:

$$\Delta H = \frac{v^2 B}{gR} \tag{4-1}$$

式中　　ΔH——凹岸水位高于凸岸水位的数值,可作为超高计算,m;

　　　　v——水流流速,m/s;

　　　　B——沟道宽度,m;

R——弯道曲率半径,m;

g——重力加速度,取 9.81,m/s^2。

2. 护脚(基)工程

护脚工程的特点是常潜没于水中,时刻都受到水流的冲击作用和侵蚀作用。因此,在建筑材料和结构上要求具有抗御水流冲击和推移质磨损的能力;富有弹性,易于恢复和补充,以适应河床变形;耐水流侵蚀的性能好,以及便于水下施工等特点。

常用的护脚工程有抛石、沉枕、石笼等。

1)抛石护脚工程

抛石护脚工程设计应考虑块石规格、稳定坡度、抛护范围和厚度等几个方面的问题。

护脚块石要求采用石质坚硬的石灰岩、花岗岩等,不得采用风化易碎的岩石。块石尺寸以能抵抗水流冲击,不被冲走为原则,可根据护岸地点洪水期的流速、水深等实测资料,用一般起动流速进行略估,块石直径一般取为 20~40 cm,并可掺和一定数量的小块石,以堵塞大块石之间的缝隙。

抛石护脚的稳定坡度,除应保证块石体本身的稳定外,还应保证块石体能平衡土坡的滑动力。因此,必须结合块石体的临界休止角和沟岸土质在饱和情况下的稳定边坡来考虑。块石体在水中的临界休止角对应的坡度可定为 1:1.4~1:1.5,沟岸土质在饱和情况下的稳定边坡可参考实测资料确定。抛石护脚工程的设计边坡应缓于临界休止角,等于或略陡于饱和情况下的稳定边坡。在一般情况下,坡度应不陡于 1:1.5~1:1.8(水流顶冲愈严重,应取较大比值)。

抛石厚度对工程的效果和造价关系极为密切。目前,一般规定抛石厚度为 0.4~0.8 m,相当于块石直径的 2 倍。在接坡段紧接枯水处,为稳定边坡,加抛顶宽为 2~3 m 的平台。如沟坡陡峻(局部坡度陡于 1:1.5,重点坡度陡于 1:1.8),则需加厚抛石厚度。

2)石笼护脚工程

石笼护脚多用于流速大、边坡陡的地区。石笼是用铅丝、铁丝、荆条等材料做成各种网格的笼状物体,内填块石、砾石或卵石。其优点是具有较好的强度和柔性,而不需较大的石料,在高含沙山洪的作用下,石笼中的空隙将很快被泥沙淤满而形成坚固的整体护层,增强了抗冲能力,缺点是笼网日久会锈蚀,导致石笼解体(一般使用年限:镀锌铁丝笼为 8~12 年,普通铁丝笼为 3~5 年)。另外,在沟道有滚石的地段,一般不宜采用。

笼的网格大小以不漏失填充的石料为限度,一般做成箱形或圆柱形,铺设厚度为 0.4~0.5 m,其他设计与抛石护脚工程相同。

3. 护坡工程

护坡工程又称护坡堤,可采用砌石结构,也可采用生物护坡。砌石护岸堤可分为单层干砌块石、双层干砌块石和浆砌石 3 种。对于山洪流向,不受主流冲刷的防护地点,当流速为 2~3 m/s 时,可采用单层干砌块石;当流速为 3~4 m/s 时,可采用双层干砌块石;在受到主流冲刷、山洪流速大、挟带物多、冲击力猛的防护地点,可采用浆砌石。

1)干砌块石护坡

干砌块石护坡主要由脚槽、坡面、封顶三部分组成,其中脚槽主要用于阻止砌石坡面下滑,起到稳定坡面的作用,其形式有矩形和梯形两种,其下端与护脚工程衔接。脚槽尺寸视边坡大小而定,如图 4-3 所示。

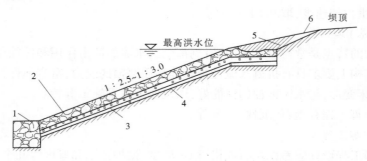

1—脚槽;2—面层块石;3—垫层碎石;4—垫层黄砂;5—好土封顶;6—坡面种草

图 4-3　干砌石护坡断面图

坡面的边坡视土壤的性质、结构而定,一般为 1∶2.5～1∶3.0,个别可用 1∶2.0。坡面的块石由面层与垫层组成,面层块石大小及厚度应能保证在水流作用下不被冲动,根据实践经验铺砌厚度为 30 cm 左右,即可满足上述要求,一般情况下可取 25～35 cm。垫层主要起反滤层的作用,防止边坡上的土壤颗粒被水流从缝隙中带走,以致边坡被淘空而失去稳定。垫层有单层与双层两种,其粒配的选择应以保证组成垫层和岸坡的颗粒不能穿越相邻粒径较大一层的孔隙为原则,为此各垫层本身粒配的不均匀系数应满足下式:

$$\frac{d_{60}}{d_{10}} \leqslant 5 \sim 10 \tag{4-2}$$

各层间粒配应满足下列公式:

$$\frac{(d_1)_{30}}{(d_0)_{50}} \leqslant 10 \sim 15 \tag{4-3}$$

$$\frac{(d_2)_{50}}{(d_1)_{50}} \leqslant 10 \sim 15 \tag{4-4}$$

$$(d_2)_{50} \geqslant 0.2d \tag{4-5}$$

式中　d_0、d_1、d_2、d——岸坡土壤、下垫层、上垫层及护坡块石的粒径;

60、50、10——下标,小于这一粒径的百分数,单垫层厚度一般取 9～20 cm,双垫层厚度一般取 15～25 cm。

对于岸坡有地下水渗出地区,护坡前需在透水层范围内先开挖导滤沟,并用粗砂及砾石分层填实,导滤沟横断面结构如图 4-4 所示。

封顶的作用在于阻止雨水入浸,防止工程遭受破坏。封顶多用平整块石砌筑,宽度为 50～100 cm,与滩地接合处,可用碎石、粗砂回填,宽度不小于 10 cm,最后沿滩地植草皮一条,宽 20 cm 左右。

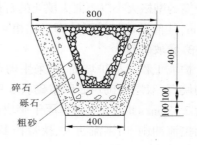

图 4-4　导滤沟横断面结构　(单位:mm)

2）浆砌石护坡

浆砌石护坡岸堤可用 32.5 级水泥砂浆砌筑，在严寒地区使用 42.5 级水泥，其结构形式基本上与干砌石护坡相同（见图 4-5），一般也设垫层，但岸坡为砂砾卵石时，可不设垫层。

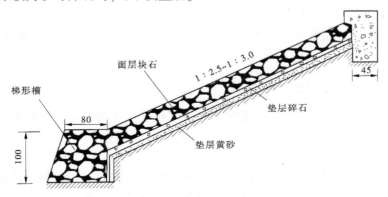

图 4-5　浆砌石护坡断面图　（单位：cm）

为了减小护岸背面的压力及排泄积水，可在下部设置交错排列的泄水口，孔口可做成 0.1 m×0.15 m 矩形或直径为 0.1 m 的圆形，间距 2~3 m。泄水孔口局部范围内设反滤层，以防淤塞。

较长的护岸堤应设置伸缩缝，以消除或减小温度应力，一般沿纵方向每隔 9~15 m 设置一道，缝宽 2 cm，用沥青板填塞，其封顶可采用混凝土基槽或块基基槽封顶。

3）护岸堤修筑时需注意的问题

（1）基础要挖深，慎重处理，防止淘空，一般情况下，当冲刷深度在 4 m 以内时，可将基础直接埋在冲刷深度 0.5~1.0 m 处，并且基础底面要低于沟床最深点以下 1 m 左右。

（2）沟岸必须事先平整，达到规定坡度后再进行砌石。

（3）护岸片石必须全部丁砌，并垂直于坡面。

片石下面要设置适当厚度的垫层，随岸坡土质而不同，垫层一般采用砂砾卵石或粗中砂卵石混合垫层组成，若岩坡土质与垫层材料相类似，则可不设垫层。

4.2　河道整治工程

自古以来，天然河道都是处于动荡变迁的状态，这就是常说的"三十年河东、三十年河西"的自然现象。河道变迁有利有弊，从造成水土流失和滑坡泥石流以及毁坏村镇、道路、良田、工矿来看，在现代建设中需要进行河道整治。

4.2.1　河道一般特性

河道基本上可分为山区河道和平原河道两种类型。

4.2.1.1　山区河道

山区河道一般流经地势高峻、地形复杂的山谷中，河谷断面常呈 V 形或 U 形。两岸谷坡陡峭,河槽狭窄,多急弯跌水,纵坡较大,有时呈阶梯状。河水暴涨暴落,流速大,流态险恶,易于造成滑坡塌方。

4.2.1.2　平原河道

平原河道多流经平坦广阔的冲积平原地带,一般河床放宽,并有广阔的河漫滩地,洪水时淹没,平水时显露。平原河道河床宽、浅,断面常呈抛物线形、不对称三角形或 W 形。平面形状有顺直形、游荡形和弯曲形三种。一般纵坡平缓,土壤疏松,洪水涨落历时较长,过程变化缓慢。

4.2.2　河道整治方法及工程类型

河道整治的目的是稳定河床,保护岸坡。按河道变化规律和水利事业要求,应规划好治导线,布设好建筑物。

4.2.2.1　整治方法

规划布设好护岸工程治导线即河道水面的轮廓线,是河道整治时新河床断面设计的依据,也是护岸工程布设的依据。治导线的布置形式有以下三种:

(1)弯曲形。是根据蜿蜒形河道水流较规顺、河床演变规律比较明显的特点,结合实际河势、地形,将河道和河段上下游用自由曲线平顺连接起来的一种形式(见图 4-6)。平原丘陵区中小型河道多采用这种形式。

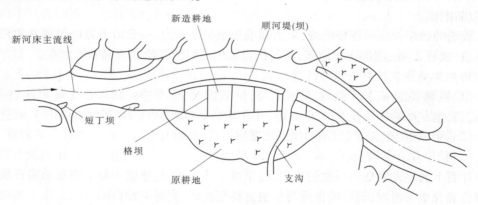

图 4-6　弯曲形治导线规划图

(2)直线形。是将新河道设计为一条直线(称为渠化河道)(见图 4-7),优点是水流顺畅,可多造地;缺点是工程量大,会出现大流冲顶。

(3)绕山转形。是将新河道设在一边山坡下,治导线环绕山坡坡脚自然布设(见图 4-8)。工程量小,河道占地少,但水流不畅,河床宽窄不一,拐弯山嘴有挑流作用,威胁对岸整治工程。

治导线规划应遵循因势利导、因地制宜的原则,按河道长期演变规律规划。

河道的弯曲和断面的变比,常常是导致横向侵蚀和纵向侵蚀的主要原因,故对河道进行裁弯取直,修建护岸工程和护底工程,用以改变水流方向,防止侧蚀和底蚀,是稳定河床的主要措施。

一般,河道护岸工程主要用来保护河岸。护底工程主要保护河床底部免遭冲蚀。整

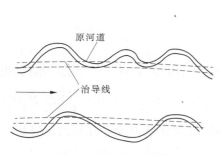

图 4-7　直线形治导线规划图

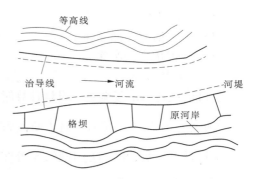

图 4-8　绕山转形治导线规划图

治建筑物主要用于改变河道流向。在实际工作中,多为几者结合,共同发挥作用。

4.2.2.2　工程类型

河道整治工程类型主要有改河造地工程和改善河道水流的整治建筑物。改河造地工程是对原河道不利段加以整治或改道,将废弃河槽、漫滩、汊道填土或撤积,成为农地或其他可用土地。根据整治对象不同,可分为裁弯取直造地工程、束河或浅滩整治造地工程和堵汊造地工程三种。修建整治建筑物的目的在于改善水流流态及流向,防止岸坡侵蚀。

整治建筑物有顺坝(与水流平行的纵向堤)和丁坝(与水流垂直或倾斜的横向堤)。前者用于改善水流流态,后者用于减少冲刷。

整治建筑物应与一般护岸工程相结合方能较好地发挥作用。应注意的是,不是所有河段均需设置整治工程,只是在那些可能出现毁坏的河段上才需修建整治工程。

4.2.3　河道新断面设计

4.2.3.1　设计洪水流量

一般设计洪水流量标准可按 30 年一遇洪水流量计算,当涉及河道两岸有重要工矿企业和村镇、重要交通道路时,标准可提高。

河道上游无水库时,若有实测资料,则可由经验频率公式计算洪水流量;若资料缺少,则可用地区经验公式计算。

河道上游有水库时,由于水库的控制,通过调洪计算可求得水库最大泄洪流量,并与区间洪水来量一并考虑,推求出设计洪峰流量。

流域有良好的水土保持措施时,可对上述计算出的洪峰流量乘以折减系数作为设计洪峰流量。

4.2.3.2　新断面设计

在设计洪峰流量 Q_{mp} 确定之后,可按明渠均匀流公式确定河槽断面宽度及水深,即

$$Q_{mp} = \omega C \sqrt{Ri} \tag{4-6}$$

对宽浅式河槽,可用平均水深 H 代替式(4-6)中的水力半径 R,则式(4-6)变为

$$Q_{mp} = \frac{1}{n}BH^{\frac{5}{3}}i^{\frac{1}{2}} \tag{4-7}$$

式中　Q_{mp}——设计洪峰流量,m³/s;

n——河床糙率；

B——河槽设计宽度，m；

H——河槽平均水深，m；

i——河槽比降。

设计前，应进行现场调查。设计计算时，依据调查情况，先假设一个合适的水位，再假定一个河宽 B，求出该水位时的过水断面面积 ω，由此得出平均水深 $H=\dfrac{\omega}{B}$，将 B、H、i 代入式(4-7)计算流量，并与 Q_{mp} 比较，相等即可；否则，改设 B 或 H 重新计算，直至相等。

4.2.4　整治建筑物

整治建筑物按其性能和外形可分为丁坝、顺坝等几种。

4.2.4.1　丁坝

1. 丁坝的作用和种类

丁坝是由坝头、坝身和坝根三部分组成的一种建筑物，其坝根与河岸相连，坝头伸向河槽，在平面上与河岸连接起来呈丁字形，坝头与坝根之间的主体部分为坝身，其特点是不与对岸连接。

1) 丁坝的作用

(1)改变山洪流向，防止横向侵蚀，有时山洪冲淘坡脚可能引起山崩，修建丁坝后改变了流向，即可防止山崩。

(2)缓和山洪流势，使泥沙沉积，并能将水流挑向对岸，保护下游的护岸工程和堤岸不受水流冲击。

(3)调整沟宽，迎托水流，防止山洪乱流和偏流，阻止沟道宽度发展。

2) 丁坝的种类

丁坝可按建筑材料、高度、长度、透水性能及与流水所形成的角度进行分类。

(1)按建筑材料不同，丁坝可分为石笼丁坝、梢捆丁坝、砌石丁坝、混凝土丁坝、木框丁坝、石柳坝及柳盘头等。

(2)按高度不同，即山洪是否能漫过丁坝，可分为淹没和非淹没两种。淹没丁坝高程一般在中水位以下，又称潜丁坝；而非淹没丁坝在洪水时，也露出水面。

(3)按长度不同，丁坝分为长丁坝与短丁坝。长丁坝可拦塞一部分中水河床，对河槽起显著的束窄作用，并能将水流挑向对岸，掩护此岸下游的堤岸不受水流冲刷，但水流紊乱，易使对岸工程遭受破坏，坝头冲刷坑较大。短丁坝的作用只能促使水趋向河心而不致引起对岸水流的显著变化，对束窄河床的作用甚大，在沟床(河床)较窄的地区宜修短丁坝。短丁坝按平面形状又分为挑水坝、人字坝、雁翅坝、磨盘头等几类。

(4)按透水性能不同，丁坝可分为不透水丁坝与透水丁坝。不透水丁坝可用浆砌石、混凝土等修建；透水丁坝多采用包含空隙的空型结构，如打桩编篱等，一般在流速不大、河床演变和缓的河段，才能有效地发挥整治作用，在流速大、河床演变剧烈的河段，则只能起某种辅助作用。

(5)按丁坝与水流所成角度不同，可分为垂直布置形式(正交丁坝)、下挑布置形式

（下挑丁坝）、上挑布置形式（上挑丁坝）。

2. 丁坝的设计与施工

由于荒溪纵坡陡，山洪流速大，挟带泥沙多，丁坝的作用比较复杂，建筑不当不仅不能发挥作用，有时还会引起一些危害，如在窄小的新河槽，有时会由于修筑了丁坝而减小造地面积，或因水流紊乱使对岸的不坚实岸坡遭冲刷而引起横向侵蚀，在这种情况下都不宜建筑丁坝。因此，在设计丁坝之前，应对荒溪的特点、水深、流速等情况进行详细的调查研究，计划一定要留有余地，在丁坝的设计与施工中应注意以下几个问题。

1）丁坝的布置

（1）丁坝的间距。

单独布置一座丁坝，在水流的冲击下很容易遭到破坏，因此丁坝的布置往往以丁坝群的方式出现。一组丁坝的数量要考虑以下几个因素：第一，视保护段的长度而定，一般弯顶以下保护的长度占整个保护长度的 60%，弯顶以上占 40%；第二，丁坝的间距与丁坝的淤积效果有密切的关系。间距过大，丁坝群就和单个丁坝一样，不能起到互相掩护的作用；间距过小，丁坝的数量就多，造成浪费。合理的丁坝间距，可通过两个方面来确定：第一，应使下一个丁坝的壅水刚好达到上一个丁坝处，避免在上一个丁坝下游发生水面跌落现象，既充分发挥每一个丁坝的作用，又能保证两坝之间不发生冲刷；第二，丁坝间距 L 应使绕过上一个坝头之后形成的扩散水流的边界线，大致达到下一个丁坝的有效长度 L_p 的末端，以避免坝根的冲刷，此关系一般是：

$$L_p = \frac{2}{3}L_0 \qquad (4-8)$$

凹岸段　　　　　　　　　　　　$L = (2 \sim 3)L_p$
凸岸段　　　　　　　　　　　　$L = (3 \sim 5)L_p$

式中　L_0——坝身长度；
　　　L_p——丁坝的有效长度；
　　　L——间距。

丁坝间距大一些，可节省建筑材料，但在丁坝区内可能发生横流，从而破坏沟岸。丁坝的理论最大间距 L_{max} 可按下式求得：

$$L_{max} = \cot\beta \frac{B - b}{2} \qquad (4-9)$$

式中　β——水流绕过丁坝头部的扩散角，根据试验 $\beta = 6°6'$；
　　　B、b——沟道及丁坝的宽度。

（2）丁坝的布置形式。

丁坝多设在沟道下游部分，必要时也可在上游设置，一岸有崩塌危险，对岸较坚固时，可在崩塌地段起点附近修一道非淹没的下挑丁坝，将山洪引向对岸的坚固岸石，以保护崩塌段沟岸。

对崩塌延续很长范围的地段，为促使泥沙淤积，多做成上挑丁坝组，以加速淤沙保护崩塌段的坡脚，最好在崩塌段下游的末端再加置一道护底工程，以防止沟底侵蚀使丁坝基础遭到破坏；在崩塌段的上游起点附近修筑非淹没丁坝。丁坝的高度，在靠山一面宜高，缓缓向下游倾斜到丁坝头部。

丁坝用于沟道下游乱流区最多,在弯道部分的外侧,为防止横向侵蚀并改变沟道中的流水路线,使丁坝区内淤积,以上挑丁坝用得较多。

(3)丁坝轴线与水流方向的关系。

丁坝轴线与水流方向的夹角大小不同,对水流结构的影响也不同,主要表现在两个方面:就绕流情况而言,以下挑丁坝为最好,水流较顺,坝头河床由绕流所引起的冲刷较弱;上挑丁坝坝头流态混乱,坝头河床由绕流所引起的冲刷较强。就漫流情况而言,以上挑丁坝为最好,水流在漫越上挑丁坝之后,形成沿坝身方面指向河岸的平轴环流,将泥沙带向河岸,在近岸部位发生淤积;而下挑丁坝水流漫越后,形成的平轴环流可沿坝身方向指向河心分速,将泥沙带到河心,使丁坝根部的河岸发生冲刷。综合上述,非淹没丁坝均应设计成下挑形式,坝轴线与水流的夹角以 70°~75° 为宜;而淹没丁坝则与此相反,一般都设计成上挑形式,坝轴线与水流的夹角为 90°~105°。

在山区,为了使水流远离沟岸的崩塌地带,促使泥沙在沟岸附近沉积,以及固定流水沟道等,一般常采用非淹没下挑丁坝。

2)丁坝的结构

丁坝的坝型及结构的选择,应根据水流条件、河岸地质及丁坝的工作条件,因地制宜,就地取材地进行选择。

(1)石丁坝。石丁坝坝心用乱抛堆或块石砌筑。表面用干砌石、浆砌石修平或用较大的块石抛护,其范围是上游伸出坝脚 4 m,下游伸出 8 m,坝头伸出 12 m。其断面较小,顶宽一般为 1.5~2.0 m,迎面、背面边坡系数均采用 1.5~2.0,坝头部分边坡系数应加大到 3~5(见图 4-9)。

这种丁坝为刚性结构,较坚实,维护简单,适用于水深流急、石料来源丰富的河段,但造价较高,且不能很好地适应河床变形,常易断裂,甚至倒覆。

(2)土心丁坝。土心丁坝采用砂土或黏性土料做坝体,用块石护脚护坡,还需用沉排护底,即将梢料制成大面积的排状物。

沉排用直径 13~15 cm 的梢龙,扎成 1 m 见方上下对称的十字格,作为排体骨架,十字格交点用铁丝扎牢。沉排护底伸出基础部分的宽度视水流及地质条件而定,以不因底部冲刷而破坏丁坝的稳定性为原则,通常在丁坝坝身的迎流面采用 3 m 以上,背水面采用 5 m 以上。

如为淹没式丁坝,尚需护顶,顶宽一般为 3~5 m;在险工段的非淹没丁坝,顶宽应加大到 8~10 m。上下游边坡系数一般为 2~3,坝头边坡系数应大于 3,丁坝根部与河岸衔接的长度为顶宽的 6~8 倍。其上下游均要护岸。这种丁坝因坝身较长,坝体又是土质的,一般适用于宽浅的河道。

(3)石柳坝和柳盘头。

在石料较少的地区,可采用石柳坝和柳盘头等结构形式。

石柳坝的做法是在迎水面与石丁坝结构一样。在坝身及背水坡打柳桩填淤土或石料,外形呈雁翅形。其优点是节省石料、维护费小。

柳盘头的作用与石柳坝相似,但抵御水流冲刷能力比石柳坝稍差,造价更便宜。柳盘

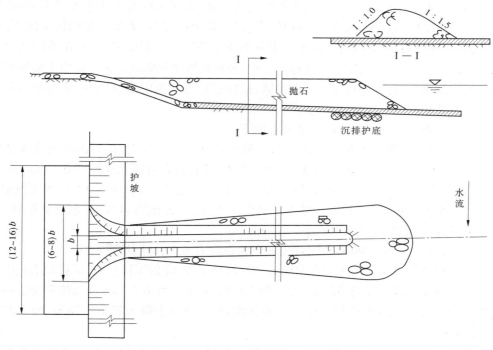

图 4-9　石丁坝

头也呈雁翅形、斗圆形。它的结构以柳枝为主,中间填以黏土或淤泥。具体做法是:先挖基,在准备修建柳盘头的范围以外,紧靠外沿插入两排长 3~5 m、粗 10~20 cm 的柳桩,柳桩埋土深为 1.5~2.0 m,桩距 60 cm 左右,在柳桩之间放入柳枝,再放入铅丝笼或沉捆,在柳盘头边沿横铺一层粗 2~5 m、长 2~3 m 的柳枝,再在柳枝层上面铺一层 30~40 cm 的淤土或黏土,如此分层铺放,直至达到要求的高度。坝面可铺 10 cm 左右厚的卵石层,以保护坝面。

3)丁坝的高度和长度

丁坝坝顶高程视整治的目的而定。根据我国经验,凡经过漫流的丁坝,一般淤积情况都较好;凡未经漫流的丁坝,淤沙较少,为达到发生漫流的目的,坝顶高程可按历年平均水位设计,但不得超过原沟岸的高程。在山洪沟道中,以修筑不漫流丁坝为宜,坝顶高程一般高出设计水位 1 m 左右。

丁坝坝身长度和坝顶高程有一定的联系,淹没丁坝,可采用较长的坝身,而非淹没丁坝,坝身都是短的,这是因为坝顶高程线较高的长丁坝,不但工程量大,而且阻水严重,影响坝身的稳定性,又产生不利水流使对岸崩塌。

对坝身较长的淹没丁坝,可将丁坝设计成两个以上的纵坡,一般坝头部分较缓,坝身中部次之,近岸(占全坝长的 1/10~1/6)部分较陡。

4)丁坝坝头冲刷坑深度的估算

沟道中修建了丁坝后改变了丁坝周围的水流状态,使坝头附近产生了向下的复杂环流,造成了坝头的冲刷。

当水流冲击丁坝时,丁坝上游壅水形成高压区,在坝头附近由于水流较大,形成低压区。位于高压区的水体,除很少一部分折向河岸形成回流外,大部分流向低压区,并折向河底,形成环绕坝头的螺旋流,在坝头附近形成了冲刷坑。据试验观测,在冲刷坑形成之后,从冲刷坑上面流过的主流并不进入坑中,冲刷坑底部的螺旋流完全由沿上游坡面折向河底的水流所形成,冲刷坑呈椭圆漏斗状,最深点靠近坝头附近,坑的边坡与泥沙在水中的自然坡度相同。

影响丁坝坝头冲刷深度的主要因素如下:

(1)丁坝坝头附近的流速及水流与坝轴线的交角。流速大,折向沟底的水流速度也大;交角愈接近90°,冲击坝身的水流愈强,壅水愈高,折向沟底的水流冲刷力也愈强。

(2)坝身的长度。坝身愈长,束窄沟床的能力愈强,坝头的流速也愈大,冲刷坑愈深。

(3)沟床的土质组成和来沙情况。黏性土愈多,抗冲能力愈强,冲刷坑就愈浅,上游来沙愈多,遭冲刷的可能性也愈小。

(4)坝头的边坡。坝坡愈陡,环流向下的切应力愈大,冲刷坑也愈深。

在中细砂组成的河床上或在水深流急处修建丁坝,应以沉排护底,沉排伸出长度如前所述。在河床组成较好的情况下,可用抛石护脚,它的宽度应不小于由漫流和绕流而引起的坝头和坝身附近河床的淘刷范围,在黄河流域,一般向上游延护 12~20 m、向下游延护 15~25 m。

坝头水流紊乱,应特别加固,可采用加大头部护底工程面积或加大边坡系数两种方式,如坝基土质较好,可不必全用沉排护底,只在坝头沟底设置即可。

5)丁坝的施工

丁坝的施工与谷坊等相类似,在此不再赘述,现仅介绍丁坝施工中需注意的几个问题:

(1)施工顺序:选择流势较缓和的地点先行施工,然后推向流势较急的地点,以保证工程安全。

(2)在施工中应注意观测研究,在修筑部分丁坝后,则应研究分析已修丁坝对上下游及对岸的影响,如有影响则应修改设计。

(3)应考虑按照现有沟道的冲淤变化,不能简单地将丁坝基础按照现有沟底一律向下挖一定深度。

(4)在丁坝开挖坑内回填大石,以抵抗冲刷。

4.2.4.2　顺坝

顺坝是一种纵向整治建筑物,由坝头、坝身和坝根三部分组成。坝身一般较长,与水流方向接近平行或略有交角,直接布置在整治线上,具有导引水流、调整河岸走向等作用。

顺坝有淹没与非淹没两种。淹没顺坝用于整治枯水河槽,顺坝高程由整治水位而定,自坝根到坝头,沿水流方向略有倾斜,其坡度大于水面比降,淹没时自坝头至坝根逐渐漫水;非淹没顺坝在河道整治中采用较少。

土顺坝:一般都用当地现有土料修筑。坝顶宽度可取 2~4.8 m,一般为 3 m 左右。对于边坡系数,外坡因有水流紧贴流过,不应小于2,并设抛石加以保护;内坡可取 1~1.5。

石顺坝:在河道断面较窄、流速比较大的山区河道,如当地有石料,可采用干砌石顺坝或浆砌石顺坝。

　　坝顶宽度可取 1.5~3.0 m,对于坝的边坡系数,外坡可取 1:1.5~1:2.0,内坡可取 1:1~1:1.5。外坡亦应设抛石加以保护。对土顺坝、石顺坝,坝基如为细砂河床,均应设沉排,沉排伸出坝基的宽度,外坡不小于 6 m,内坡不小于 3 m。顺坝因阻水作用较小,坝头冲刷坑较小,无须特别加固,但边坡系数应加大,一般不小于 3。

　　顺坝的修建,束窄了天然河道,改变了原来的水流状态,使流速增大,一般能引起河床普遍冲刷,这种冲刷由于两岸堤坝的限制而主要向纵深发展。经过一定时间后,水流与河床又在新的条件下达到了新平衡。如果能够估算出河道束窄后达到新的相对平衡对河床可能的冲刷深度,就可据此定出顺坝基础的砌筑深度。

　　冲刷深度的计算涉及的因素很多,目前尚无可靠的公式,下面仅介绍一些最简单的估算方法。

　　(1)清水河流按河床泥沙起动流速计算:在沿河上游有水库下泄清水,或上游来水基本是清水时,由于河床束窄,流速大于河床泥沙的起动流速,从而引起河床的冲刷,此时,河床必须冲深到流速小于河床泥沙的起动流速,冲刷才会停止。在这种情况下,河床冲刷深度计算可由起动流速来控制,交通部门提出的有关公式如下:

$$H_p = \left[\dfrac{K \dfrac{Q}{B} \left(\dfrac{H_{max}}{H} \right)^{5/3}}{E d^{1/6}} \right]^{3/5} \qquad (4\text{-}10)$$

式中　H_p——河床的冲刷深度,m;

　　　　Q——设计流量,m^3/s;

　　　　B——新河槽宽度,m;

　　　　H_{max}、H——原河床中新河槽(修建顺坝束窄后的河槽)部分的最大水深及平均水深,m,可从原河道枯水位或中水位时的断面上,选择 $\dfrac{H_{max}}{H}$ 一个较大的值作为设计数据;

　　　　d——河床泥沙平均粒径,mm;

　　　　K——单宽流量集中系数,$K = \left(\dfrac{\sqrt{B}}{H} \right)^{0.15}$,其中 B 和 H 分别为水流干滩时的水面宽度及平均水深,m;

　　　　E——与汛期含沙量有关的系数,可按下列数值选用:当历年汛期月最大含沙量平均值小于 $1\ kg/m^3$ 时 E 为 0.46,为 $1~10\ kg/m^3$ 时 E 为 0.66,大于 $10\ kg/m^3$ 时 E 为 0.86。

　　(2)按推移质输沙公式推算:中小河道,特别是山区中小河道,影响河床冲淤变化的泥沙主要是推移质。河道治理后,破坏了原有的推移质输沙平衡,从而使河床发生冲刷。这时,通过河床冲刷使推移质输沙能力下降和恢复到治理前的相对输沙平衡状态,冲刷才会停止。这种情况下,河床冲刷深度简单估算如下:河道治理前后,河道中的流量是相同的,即

$$Q_0 = Q \qquad (4\text{-}11)$$

同样可认为,河道治理前与治理后达到新的平衡时的推移质输沙总量是相等的,即

$$B_0 g_{s0} = B g_s \qquad (4\text{-}12)$$

一般推移质输沙率的公式为

$$g_s = k \frac{v^x}{g H^y d^x} \qquad (4\text{-}13)$$

所以式(4-12)可以转化为

$$B_0 k = \frac{v_0^x}{g H_0^y d_0^x} = B k \frac{v^x}{g H^y d^x} \qquad (4\text{-}14)$$

式中重力加速度 g 是一样的,假设河道治理前后系数 k 及河床泥沙粒径 d 相同,根据试验研究,一般 $x = 4$, $y = 1/4$,则公式最后简化得

$$H = H_0 \left(\frac{B_0}{B} \right)^{0.7} \qquad (4\text{-}15)$$

式中　　Q——设计流量,m³/s;

　　　　B_0、H_0——河道治理前的河宽、平均水深,m;

　　　　B、H——河道治理后的河宽、平均水深,m。

由式(4-15)中算得的 H 值,可作为冲刷深度的估算值,此种估算较粗略,仅供参考使用。

4.2.5　治滩造田工程

治滩造田就是通过工程措施,将河床缩窄、改道、裁弯取直,在治好的河滩上,用引洪放淤的办法淤垫出能耕种的土地,以防止河道冲刷,变滩地为良田。

治滩造田是小流域综合治理的一个组成部分,而流域治理的好坏又直接影响治滩造田工程的标准和效益,因此治滩造田工程不能脱离流域治理规划单独进行。

4.2.5.1　治滩造田的类型

治滩造田主要有以下几种类型:

(1)束河造田:在宽阔的河滩上,修建顺河堤等治河工程束窄河床,将腾出来的河滩改造成耕地。

(2)改河造田:在条件适宜的地方开挖新河道,将原河改道在老河床上造田。

(3)裁弯造田:过分弯曲的河道往往形成河环,在河曲颈部最窄处开挖新河道,将河道裁弯取直,在老河弯内造田(见图4-10)。

(4)堵叉造田:在河道分叉处,选留一叉,堵塞某条支叉,并将其改造为农田。

(5)箍洞造田:在小流域的支沟内顺着河道方向砌筑涵洞,宣泄地面来水,在涵洞上填土造田。

4.2.5.2　整治线的规划

整治线(又称治导线)是指河道经过整治以后,在设计流量下的平面轮廓。它是布置整治建筑物的重要依据,因此整治线规划设计得是否合理,往往决定着工程量和工程效益的大小,甚至决定工程的成败。

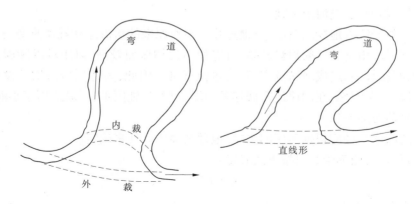

图 4-10　裁弯造田示意图

1. 整治线的布置原则

整治线的布置,应根据河道治理的目的,按照因势利导的原则来确定,应能很好地满足国民经济各有关部门的要求。

(1)多造地和造好地。新河应力求不占耕地或少占耕地,造出的地耕种条件应较好,最好能成片相连,以求做到"河靠阴,地向阳"。

(2)因势利导。充分研究水流、泥沙运动的规律及河床演变的趋势。顺其势、尽其利,应尽量利用已有的整治工程和长期比较稳定的深槽及较耐冲的河岸,力求上、下游呼应;左、右岸兼顾;洪水、中水、枯水统一考虑。整治线的上下游应与具有控制作用的河段相衔接。

(3)应照顾原有的渠口、桥梁等建筑物,不要危及村镇、厂矿、公路等安全。

2. 整治线的形式

1)蜿蜒式

整治线一般都是圆滑的曲线。这种曲线的特点是曲率半径是逐渐变化的。从上过渡段起,曲率半径开始为无穷大,由此往下,逐渐变小,在弯曲顶点处最小,过此后又逐渐增大,至下过渡段又达到无穷大,在曲线与曲线之间连以适当长度的直线。

这种曲线形式的整治线,比较符合河流的水流结构特点与河床演变规律,不仅水流平顺,滩槽分明,且较稳定。但河道占地面积大,造出的新田不能连成大片,不利于机械化。一般适用于流域面积大,河谷宽阔,中水、枯水历时较长的河流。

2)直线式

直线式整治线基本上把新河槽设计成直线,根据河势和地形,自上游到下游分段取直。

直线式整治线可缩短河长,增加造地面积,使耕地连片,且新河槽中,洪水流动顺畅,阻力小,减小对凹岸的横向冲刷,但河长的缩短增大了河床比降,势必增强流水对河床的冲刷作用。因此,不仅要求在两岸修建导流堤,而且要求对治河建筑物进行防护或将老河全部填平,沿山脚另开一条新河,在老河上造地。

3)绕山转式

绕山转式整治线是将新河槽挤向山脚一侧,河道环绕山脚走向流动,或将老河全部填平,沿山脚另开新河,在老河上造地。

绕山转式整治线占地少,有利于土地连片。但对原来的水流运动规律改变较大,整治线难以防护,此外,山脚处一般地势较高,可能使新河槽床面较高,河床难以冲深,加之山脚一带山嘴、石崖较多,造成河槽宽窄不一,水流紊乱。因此,为达到新河槽的设计断面,必须平顺水流,挖深河床,在凹段还要修建顺河堤工程,实施困难,一般适用于小河流。

3. 整治线的曲率半径

整治线的曲率半径应根据河流的水文、地理及地质条件来确定。

在缺乏资料时,曲率半径可按下式确定:

$$R = KB \tag{4-16}$$

式中　R——曲率半径;

　　　K——系数,一般可取 4~9;

　　　B——直线段河宽。

4. 整治线两反面之间的直线段长度

整治线两反面之间的直线段长度应适当,过短则在过渡段的某些断面上产生反向环流,造成交错浅滩;过长则可能加重过渡段的淤积。一般取:

$$L = (1 \sim 3)B \tag{4-17}$$

5. 整治线两同向弯顶之间的距离

整治线两同向弯顶之间的距离可参照下式确定:

$$L = (12 \sim 14)B \tag{4-18}$$

4.2.5.3　新河槽断面设计

新河槽的断面设计主要指确定新河槽的水深及整治线的宽度。当某河段在一定防洪标准下的最大洪峰流量 Q_{mp} 已知时,可用均匀流流量公式进行计算。

$$nQ_{mp} = wC\sqrt{Ri} \tag{4-19}$$

$$C = \frac{1}{n}R^{1/6} \tag{4-20}$$

当河道为宽浅式断面时,可用下式计算:

$$Q_{mp} = \frac{1}{n}BH^{5/3}i^{1/2} \tag{4-21}$$

式中　B——水面宽度,m;

　　　H——过水断面平均水深,m;

　　　n——河床糙率;

　　　i——河床比降。

H 与 B 可用试算法求得。

有些地方将河槽设计成复式断面(见图 4-11),这种断面由于两边滩地与主槽的水深、糙率和流速均不相同,所以计算时应将断面分为三部分进行,这三部分面积之和应与原过水断面面积相等,滩、槽坡降可取相同值,然后根据下列公式进行计算:

$$Q_0 = Q_1 + Q_2 + Q_3$$

$$Q_1 = \frac{1}{n_1} B_1 H_1^{5/3} i^{1/w}$$

$$Q_2 = \frac{1}{n_2} B_2 H_2^{5/3} i^{1/w} \qquad (4-22)$$

$$Q_3 = \frac{1}{n_3} B_3 H_3^{5/3} i^{1/w}$$

式中　　Q——设计洪峰流量，m^3/s；

　　　　Q_1、Q_2、Q_3——通过主槽 A_1 及左、右两滩地 A_2、A_3 的流量，m^3/s；

　　　　n_1、n_2、n_3——河床主槽及左、右两滩地的糙率系数；

　　　　B_1、B_2、B_3 及 H_1、H_2、H_3——河床主槽及左、右滩地的宽度及平均水深，仍用试算法。

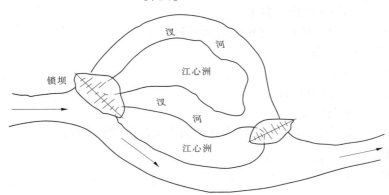

图 4-11　复式断面示意图

应该指出的是，河道是水流与河床长期相互作用下的产物，一定的边界条件，在一定的来沙来水作用下，就会塑造出一定形态的河床。根据这个道理，通过大量调查分析发现，河床形态因素（如河宽、水深、曲率半径等）之间，或这些因素与水力、泥沙因素（如流量、比降、泥沙粒径等）之间具有某种关系，这种关系通常称为河相关系。

河道的整治涉及河床的稳定性，而河床的稳定性与这种河相关系是密切相关的。所以，在进行新河断面设计时，应重视这种关系，以防河床失稳。

根据国内外的研究，提出了许多稳定河床与河相关系的经验公式，主要有：

（1）平均河宽与平均水深关系式。

$$\zeta = \frac{\sqrt{B}}{H} \qquad (4-23)$$

式中　　ζ——河床边界条件及与河型有关的系数，一般砾石河床可取 1.4，沙质河床可取 2.75，长江蜿蜒性河段可取 2.23～4.45，黄河游荡性河段可取 19.0～32.0。

　　　　B、H——造床流量下河段的平均宽度及平均水深。

所谓造床流量，就是其对河床的塑造作用，基本与多年流量过程的综合造床作用相等的某一种单一流量，它的大小可大致认为与历年最大流量的平均值相近。

但这种经验公式是通过在大中河流的调查研究中取得的,对目前山区的小河道,仅供参考。

(2)综合稳定关系式。

河床是否稳定,既取决于河床的纵向稳定,也取决于河床的横向稳定,很自然地会联想到将这两个稳定系数联系在一起构成一个综合的稳定系数。钱宁等在研究黄河下游河床的游荡性时,曾建议采用如下关系式:

$$H = \left(\frac{hJ}{d_{35}}\right)^{0.6}\left(\frac{B_{max}}{B}\right)^{0.3}\left(\frac{B}{h}\right)^{0.45}\left(\frac{Q_{max}-Q_{min}}{Q_{max}+Q_{min}}\right)^{0.6}\left(\frac{\Delta Q}{0.5TQ}\right)^{0.6} \quad (4\text{-}24)$$

式中　H——河床游荡指标;

d_{35}——床沙中以质量计小于 35% 的粒径;

B_{max}——历年最高水位下的水面宽度;

Q_{max}、Q_{min}——汛期最大及最小日平均流量;

ΔQ——一次洪峰中流量涨幅;

Q、B、h——平滩流量及与之相应的河宽和水深;

T——洪峰历时,d;

J——比降(%)。

hJ/d_{35}——河床的可动性;

B_{max}、B——滩地宽度;

B/h——滩槽高差,与 B_{max}/B 结合在一起表示河岸的约束性;

$\dfrac{Q_{max}-Q_{min}}{Q_{max}+Q_{min}}$——流量变幅;

$\dfrac{\Delta Q}{0.5TQ}$——洪峰陡度。

(3)C.T 阿尔图宁的经验公式。

河宽与造床流量及比降的关系式:

$$B = A\frac{Q^{0.5}}{i^{0.2}} \quad (4\text{-}25)$$

式中　B——稳定河段水面宽度,m;

Q——造床流量,相当于频率为 3%~10% 的洪水流量,m^3/s;

i——河床比降;

A——系数,我国长江蜿蜒性河道 $A=0.64$~1.15,黄河高村以上游荡性河道 $A=2.23$~5.41。

在设计河道断面时,通过上述水力计算得到的河宽与水深,还要用河相关系式或参照附近边界条件相似的优良稳定河床来洪时的断面形态进行检验,尽量使选用的河宽及水深与上述关系偏差不大,如不考虑上述因素,将河道任意束窄,常会招致治河工程的破坏。

4.2.5.4　整治建筑物设计

在整治线确定之后,根据不同类型的整治线要求,可采用不同类型的整治建筑物,以保证整治线的实施。整治建筑物的类型很多,治滩造田工程中常用的有丁坝、顺坝等。

值得提出的是,修筑了某些治河造田工程以后,束窄了天然河道,改变了原来的水流状态,使流速增大,一般能引起河床纵深方向的冲刷,因此在修筑治河工程的同时,应根据建筑物和河道的情况设置护底工程。

4.2.5.5　河滩造田的方法

为了把治滩后造成的土地建成高产稳产的基本农田,必须做好滩地的园田化建设,其内容包括建设灌溉排水系统、营造防护林、平滩垫地、引洪漫地、改良土壤等。

1. 修筑格坝

根据滩地园田化的规划,首先应当在河滩上用砂卵石或土料修成与顺河坝相垂直的,把滩地分成若干条块的横坝,叫作格坝,它是河滩造地中的一项重要工程。

格坝的主要作用是:由于格坝地与原有滩地被分划成若干小块,形成许多造田单元,可以使平整土地及垫土的工程量大大减小,当顺河坝局部被冲毁时,格坝可发挥减轻洪灾的作用。

格坝间距的大小主要取决于河滩地形条件和河滩坡度的大小,坡度愈大,间距愈小。另外,布置格坝时要尽量与道路、排灌系统、防护林网协调一致,格坝间距一般为 30~100 m。

在格坝间距 L 确定后,格坝的高度可用下式计算:

$$\left.\begin{array}{l} H = h_1 + h_2 + \Delta h \\ h_i = iL \end{array}\right\} \tag{4-26}$$

式中　H——格坝高度,m;

　　　h_i——两格之间河滩地面的高差;

　　　i——河滩的纵比降;

　　　h_2——新造河滩地所需要的最小垫土厚度,根据各地经验,第一次垫土厚度要 40 cm 左右才能种植作物,以后逐年增加土层厚度达 80 cm 时,才能高产稳产;

　　　Δh——格坝超高,一般高出河滩新地面 20~30 cm。

根据试验,格坝的高度一般以 1.0~1.5 m 为宜。高度过高,则费工费时,而且稳定性差;高度过低,则格坝过密,田块太小,减小土地利用率。

格坝的形式和修筑方法视河滩实际情况而定(见图 4-12)。当为沙质河滩时,格坝可由河沙堆筑,其形式为梯形,顶宽一般为 1.5~2.0 m,边坡为 1:1.5~1:2.0。在卵石河滩上修筑格坝时,可用河滩上较大的卵石垒砌而成,如高度较高,可筑成浆砌石格坝,格坝的基础应在原地面 0~40 cm 处,用卵石或块石垒砌的格坝,其顶宽为 0.6~0.8 m,边坡为 1:0.2~1:0.5,基础底宽为 1~2 m;当格坝与道路、排灌渠道统一布置时,应加大格坝断面尺寸和提高修筑质量。

2. 引洪漫淤造地

在洪水季节,把河流中含有大量泥沙的洪水引进河滩,使泥沙沉积下来后再排走清水,这种造地方法叫作引洪漫淤造地或引洪淤灌。

1) 引洪淤灌的好处

引洪淤灌是我国劳动人民在长期与洪水做斗争中所积累的一项宝贵经验,在我国北方一些丘陵山区已有近 2 000 年的历史,主要有以下两方面的好处。

第一,充分利用山洪中的水、肥、土资源,变洪害为洪利。

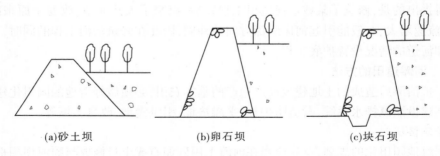

|(a)砂土坝|(b)卵石坝|(c)块石坝|

图 4-12　格坝结构示意图

（1）在缺水的山区和半山区，洪汛时期正是"卡脖旱"的时节，玉米、谷子等大田作物需水量很大，这时引洪淤灌，正好满足作物需水要求，对增产有显著作用，"一年淤灌，两年不旱"，因为洪水中的泥沙落淤后，具有"铺盖"与截断土壤毛细管的作用，保墒能力较强。

（2）洪水中含有大量的牲畜粪便、腐殖质和无机肥料，对增强地力、改良土壤有很大的作用。据张家口地区通桥墩河的调查，洪水落淤后，淤泥中的养分含量分别是：氮 2.6%、磷 0.17%、钾 0.802%、有机质 3.8%。根据化验结果计算，每亩地淤 1 cm 厚的泥相当于同时施用硫酸铵 63 kg、过磷酸钙 62.5 kg、硫酸钾 97 kg、马牛粪 1 450 kg。

（3）利用洪水淤灌，可增加土壤耕作层厚度，改善土壤团粒结构。据调查，张家口地区一次灌水 3 cm 深，淤泥厚度就有 5~10 cm。

第二，为洪水和泥沙找到了出路，有效地保持了水土。引洪淤灌还可把对水库有害的泥沙变为对农业有利的土壤，大大减轻输入水库的泥沙量。据估计，张家口全区每年可拦蓄洪水 2 亿 m³，落淤泥沙 4 000 万 m³，延长了下游水库的寿命。

2）引洪淤灌的建筑物

在小面积河滩上引洪漫淤造地，可以在河堤上开口，直接引洪水入滩造地，引洪口沿河堤布置，每隔 80~150 cm 布置一个，或者每一引洪口负责漫淤 1~2 块河滩地，引洪口的布置一般与水流方向呈 60°夹角，尺寸的大小可根据引洪漫淤面积和一次引洪量多少而定，一般小河滩上多采用宽、高各 1 m 的方形口，底部高程应高出河床 50~80 cm。

在较大的河滩上引洪淤地，则需要布置引洪渠系，渠系的设计可参考有关资料，由于山区河道洪水涨落快、历时短、出现次数少且含沙量大，所以在设计中又有不同于清水灌区之处。

（1）引洪干渠的比降一般以 1/500~1/300 为宜，断面尺寸大小应根据引洪流量的大小而定，一般渠深 1.0~1.5 m，底宽 1~2 m，断面为梯形，边坡系数 1:1~1:1.5，渠顶宽 2~2.5 m，引洪支、毛渠的比降大于 1/300，以便将洪水迅速引到地里。

（2）与清水灌溉相同，渠口设置进水闸与泄水闸，对于无坝引水的渠口还需设引水坝，有坝引水的渠口，则多用滚水坝代替引水坝，也有在泄水闸之间加入一段引水坝的。

水闸的结构、布置与形式可参见有关资料，由于洪水灌区闸的过流量大、流速高、河流主槽易变，因此在闸的结构设计上一般要求基深、底板厚、无消力池。

洪水渠道的闸多是由于淘基倾变而发生破坏，闸在过洪时，水速有时可达到 3~4

m/s,因此闸基前后的河床处于不稳定状态,常发生淘刷,为此需加大闸基埋深,根据群众经验,一般要求闸基到河底,闸多高、基多深,在张家口地区,闸的基础深度一般都在河槽以下 2.0~2.5 m。

闸墩:宽度一般为 0.8~1.0 m,长度为 3~4 m。

闸底板:厚度一般为 0.5~1.0 m,后齿墙一般与闸墩基础同深,前齿墙可稍浅一些。

(3)引水坝的布置常分成软、硬两部分,以适应大小不同洪水的情况,具体做法是"根硬头尖腰子软,保证坝口不出险"。

坝梢:坝梢是整个引水坝最先迎水的地方,要求结构坚固,一般用河卵石干砌,并用铅丝笼护脚,坝梢高度基本与设计引洪流量的水面平齐。

薄弱段:在坝梢与坝身的连接部分常做一段薄弱段,其作用是在小洪水时可引洪入渠,大洪水时可牺牲局部,保存整体,洪水可由此段漫越而过,冲开缺口,保证整个引水坝安全。薄弱段迎水面一般用河卵石干砌,背面用砂砾石堆积而成。

坝身:常用浆砌块石做成,或用河卵石干砌,用河卵石时一般内坡为 1:1,外坡为 1:2,顶宽 2~4 m,坝身高度与坝梢高度确定方法相同,但应增加超高 0.5~1.0 m。

坝根:一般与泄水闸外边墩直接相连,多用浆砌石筑成,坝根内坡多为 1:0.5,外坡为 1:1,顶宽为 2~4 m,其高度及基础深与泄水闸外边墩相同。

3)引洪漫淤的方法

(1)"畦畦清"漫淤法在地形平坦的河滩上,每块畦田设进、退水口,直接由引洪渠引洪入畦田,水流呈斜线形,每畦自引自排互不干扰。此法因进水口与退水口在畦田内呈对角布置,流程长,落淤效果好。

(2)"一串串"漫淤法在比降较大的河滩上引洪漫淤,多采用此种方法,洪水入畦后,呈 S 形流动,一串到头,进、出口呈对角线布置。

(3)"卐"字漫淤法适用于比降大、面积较大的河滩,做法是:设上下两条排水渠,中间一条引洪渠,三渠平行,由中间引洪渠开口,从两侧分水入畦漫淤造地,每畦内进、出口呈对角线布置,畦的形状呈"LR"字形,水流进入渠后分两股漫流,后又合流排出。这种方法落淤快、落淤质量高,但渠道与畦田工程复杂。

第 5 章　泥石流与崩岗防治工程

5.1　泥石流防治

5.1.1　概述

5.1.1.1　泥石流概念

泥石流是山区介于挟沙水流和滑坡之间的土(泛指固体松散物质)、水、气混合流,其实质是水体和土体、土体中的部分空气相互作用后,在沟谷内或坡地上沿坡面运动的流体。泥石流具有突然性及流速快、流量大、物质容量大和破坏力强等特点。

5.1.1.2　泥石流特征

泥石流是一种由大量泥沙、石块等固体物质与水体组成的快速运动的黏-塑性流体。泥石流中固体物质的含量高达 80%~85%,水与固体物质的重量比可达 1:6,固体物质的机械组成有粒径小到 0.005 mm 的黏粒,大到直径为一二十米的巨石。当土体启动后形成过渡性(亚黏性)泥石流时,其静切力一般为 0.50~2.55 Pa,当形成黏性泥石流时,其值介于 2.5~20.0 Pa。可见,泥石流具有密度大、黏度高、切力大等特征,与一般挟沙水流有所不同。其本质的区别是:①固体物质含量高;②有波状运动(又称为阵性运动);③具有较大的流动坡降。泥石流固体物质含量多少、成分、结构等往往决定其性状、运动过程、规模大小和破坏程度。波状运动有可能使泥石流的容重、泥位、流量和冲击力部分或全部达到极值或最大值。

泥石流在运动过程中常常形成液、固两相流,是混合侵蚀的一种特殊形式。我国黄土地区的黄土泥流,是一种以细粒泥沙为主要组成物的泥质流,一般固体物质含量可占到总体积的 80%,密度可达 1.88 t/m³,黏度较大,流动中始终保持结构的整体性,上部一般为黄土散体,中层为黄土塑性体,下层为泥质流体,流动呈蠕动状态,表面平滑,不显波纹,犹似沥青,停积时具有整体特征,是一种特殊的泥流体。1962 年 6 月 2 日,渭河的秦祁河和咸河中下游发生泥流,最大含沙量达 1.34 t/m³(武山水文站),折合密度 1.825 t/m³,流动时呈黏稠浆体,波状运动,平顺河段出现层流,流动时为泥,停积后为一堆土。

我国西南地区是泥石流多发区之一,四川省南坪县关庙沟是一条典型的泥石流沟。1984 年 7 月 18 日,在一场强暴雨作用下,发生了三阵泥石流,其密度高达 2.09~2.23 t/m³,流速为 10 m/s,波头 3 m。泥石流在长 900 m 的河道左岸堆积厚为 1 m、宽为 40~60 m 的泥石长堤,淤积量达 6.8 万 m³,下游淤积泥石体物质 21.8 m³。

5.1.1.3　泥石流形成条件

泥石流是地表物质迁移的一种自然过程,它的形成有四个基本条件,即松散碎屑物质条件、地质条件、地形条件和水源条件。

1. 松散碎屑物质条件

松散碎屑物质的形成,既与地质条件有关,又与人类开矿、修路等工程建设活动有关。

在自然条件下,岩性、地质构造、新构造运动、地震及火山活动等内营力与风化、重力、流水等外营力的相互作用,决定着参与泥石流活动的松散碎屑物数量的多少。

2. 地质条件

1) 岩石性质

岩石是泥石流形成的物质基础,岩石性质与泥石流形成的频率和规模密切相关。岩石性质主要指岩石的类型、软硬程度、完整性及厚薄等,常与所属的地层相联系。新生界的时代岩石结构松散,如第四系黄土、昔格达组等;中生界、古生界及元古宇,坚硬岩石与软弱岩石共存,抗风化和抗侵蚀能力差异较大。一般来说,软弱岩石抗风化能力差,易于形成松散的碎屑物质,有利于泥石流的形成,如川西南一带的昔格达组半成岩、残坡积物等松散堆积层,其分布、发育程度与该区域泥石流活动密切相关。云南小江小流域出露的岩石主要为板岩、千枚岩、砂岩及页岩,这些岩石经过一系列构造运动、断裂极其发育,抗风化能力弱,黏粒含量丰富,吸水性较强,易于为泥石流形成提供物质基础。

2) 地质构造、新构造运动及地震

断裂构造对泥石流的形成发育具有直接影响。在断裂带内,软弱结构面发育、岩石破碎、断层和裂隙发育,加速了岩石的风化,有利于形成丰富的松散碎屑物质。例如,川西南的安宁河断裂带、小江断裂带等,均由许多次级断层组成,断裂破碎的宽度大,岩石极易遭受破坏。

构造断裂带通过的地段往往是新构造运动发生剧烈的区域,相对高度大,山口新、老洪积扇发育,松散物质堆积深厚,有利于泥石流的形成。例如,安宁河断裂带上,新构造运动极为频繁且强烈,安宁河东侧螺髻山强烈上升,中间为断陷谷地,内部形成约 1 500 m 厚的冲、洪积物,为黑沙河、西昌东河、西河等 30 余条泥石流沟道的发育提供了物质基础。

地震对泥石流的影响,按时间序列可分为两类:一类是地震触发的泥石流,也称同发型泥石流,如 1976 年 7 月唐山大地震,触发了天津碱厂约 1 000 万 m³ 弃渣堆积体发生液化,形成泥沙流,其中流动的弃渣体积 200 m³,流动距离 300 m。另一类是震后泥石流,也称后发型泥石流,如四川炉霍 1973 年 2 月发生的大地震,震后在县城附近新都河、罗河溪等流域,大量崩解土体及河岸土石体,导致泥石流频发。

3) 人类工程建设活动

人类开矿、修路等工程建设活动会产生大量的弃土弃渣,如处理不好,可为泥石流的形成提供松散碎屑物质条件。

3. 地形条件

地形条件主要反映在相对高度、坡度和坡向、流域面积和沟谷形态方面。

(1) 相对高度。因相对高度决定物质势能的大小,一般而言,相对高度越大,势能越大,越易于形成泥石流。

(2) 坡角和坡向。凡是泥石流发育的区域,山坡坡度较陡。我国西部高山、中山的泥石流沟,山坡平均坡角在 28°~50°;东部低山的泥石流沟,山坡平均坡角在 25°~45°。

北半球的向南坡和向西坡(阳坡),泥石流发育程度、爆发强度均大于向北坡和向东坡(阴坡)的。因为阳坡岩石土体风化作用的强度较阴坡剧烈,岩体易于破碎,土层深厚,且土体中含水量、林草覆被率低于阴坡。此外,阳坡处于南来气流的迎风面上,易于出现暴雨天气。例如,我国华北的燕山山脉、辽东的千山山脉等,泥石流沟主要出现在阳坡。

(3)流域面积和沟谷形态。泥石流沟的流域面积、沟长和沟床纵坡是表征沟谷形态的三个重要参数。泥石流多发生在各大山系前线山麓地带的小流域内,有 85% 的泥石流发生在流域面积小于 0.5 km² 的地区。在全流域,发生泥石流的沟谷比降平均在 0.05~0.3(占总量的 79%),尤以比降为 0.1~0.22 的沟谷居多。而山坡型泥石流沟和水石流沟的比降则可达 0.4~0.5。

4. 水源条件

泥石流的形成还需要充足的水体,其主要来源于降水。水体既是泥石流物质组成的一部分,其汇流又为泥石流运动提供动力。一般而言,形成泥石流的降水分为两种类型:一类是雨区范围小、历时短的局地暴雨;另一类是雨区范围大、历时长的大范围暴雨。例如,2017 年 7 月 13 日,川西北龙门山区暴雨激发了多沟齐发的泥石流。

另外,人类活动的影响也不可忽视,如开矿筑路、兴修水利、毁林开荒等产生的松散堆积物,若不加处理,则易导致沟道堵塞,引起崩塌、滑坡,为泥石流产生创造了条件。自然灾害,如地震、暴雨洪水、雪崩等,则加速了泥石流的发生。

5.1.2 泥石流流速和流量估算

5.1.2.1 流速估算

对于泥石流防治工程设计,泥石流流速是不可缺少的计算依据。目前,泥石流流速计算方法较多,但多数以野外观测资料为基础,结合一些试验,进行推导而得出的经验公式。

1. 稀性泥石流流速的计算

1)铁道部第一设计院计算公式

铁道部根据我国西部泥石流情况,建立如下经验公式:

$$v_c = \frac{15.3}{\alpha} H^{2/3} i^{3/8} \qquad (5-1)$$

式中 v_c——泥石流计算断面平均流速,m/s;

       H——计算断面平均泥深,m;

       i——泥石流水力坡度,常用沟床纵坡代替;

       α——泥石流阻力系数,可用式(5-2)表示。

$$\alpha = (1 + \varphi_c \gamma_s)^{1/2} \qquad (5-2)$$

式中 γ_s——泥石流固体颗粒密度,t/m³;

       φ_c——泥沙修正系数,可用式(5-3)表示。

$$\varphi_c = \frac{\rho_c - \rho_w}{\rho_s - \rho_c} \qquad (5-3)$$

式中 ρ_c——泥石流密度,t/m³;

       ρ_w——水的密度,t/m³;

ρ_s——固相物质实体密度,一般取值为 2.65~2.75 t/m^3。

2) 铁道部第三设计院计算公式

$$v_c = \frac{15.5}{\alpha} H^{2/3} i^{1/2} \tag{5-4}$$

式中符号意义同前。

3) 北京市政设计院计算公式

北京市政设计院提出适用于大比降($i>0.01$)的山沟泥石流平均流速 v_c 计算公式为

$$v_c = \frac{m_1}{\alpha} R^{2/3} i^{1/10} \tag{5-5}$$

式中　m_1——天然陡坡河槽河床糙率系数,可按表 5-1 选用;

　　　R——沟床计算断面水力半径,m;

　　　其余符号意义同前。

表 5-1　m_1 值

类别	河床及断面特征	m_1
1	河床顺直平整,有一定冲淤变化,含砂量较大的漂石、粒石或黄土质河床,平均粒径 0.005~0.1 m	9.4
2	河段较为顺直平整,漂石、碎石单式河床,河床质比较均匀,一般石块直径 0.05~0.2 m,个别大石块 0.4~0.8 m,平均粒径 0.02~0.2 m,或河段较弯曲不太平整的 1 类河床	7.5
3	河段较为顺直平整,巨石、漂石、卵石单式河床,大石块直径 0.8~1.4 m,平均粒径 0.04~0.4 m,或河段较弯曲不太平整的 2 类河床	5.8
4	河段较为顺直,河床为杂乱的巨石、漂石单式河床,大石块直径 1~2 m,平均粒径 0.2~0.6 m,或河床较弯曲不平整的 3 类河床	4.6
5	河床严重弯曲的 2、3、4 类河槽,断面很不规则,有大巨石或树木植被堵塞的河床	3.0

4) 东川泥石流流速改进计算公式

结合西南地区的特点,东川泥石流试验站将公式进行了改进,公式如下:

$$v_c = \frac{m_c}{\alpha} R^{2/3} i^{1/2} \tag{5-6}$$

式中　m_c——泥石流沟糙率系数;

　　　其余符号意义同前。

式(5-6)为西南地区现行的泥石流流速计算公式。

2. 黏性泥石流流速的计算

黏性泥石流计算,仍以泥石流运动要素为主的观测研究为基础,建立不同地区、不同泥石流类型和性质的经验公式和半经验公式。

1) 云南东川蒋家沟泥石流流速计算公式

$$v_c = \frac{1}{n} R^{2/3} i^{1/2} \tag{5-7}$$

式中　n——泥石流沟床糙率，$\dfrac{1}{n} = 28.5H^{-0.34}$；

　　　　其余符号意义同前。

式(5-7)适用于黏性阵性泥石流，特别适用于云南东川地区。

2)甘肃武都地区泥石流流速计算公式

$$v_c = m_c R^{2/3} i^{1/2} \tag{5-8}$$

式中　m_c——沟床糙率系数，可通过内插法查表 5-2 求得；

　　　　其余符号意义同前。

式(5-8)适用于西北地区的黏性泥石流。

表 5-2　糙率系数 m_c 值

泥石流类型	河床特征	不同泥深(m)			
		0.5	1.0	2.0	4.0
黏性泥石流	植率最大的黏性泥石流沟床(密度 1.8~2.24 t/m³)，沟槽急陡弯曲，沟底由石块、泥砂质组成	18	15	12	10
	多巨石突起与跌坎中等植率的黏性泥石流沟槽(密度 1.8~2.24 t/m³)，沟槽较顺直，沟底由石块和泥砂质组成	28	24	20	16
	床面突起不大、糙率小的黏性泥石流沟床(密度 1.8~2.24 t/m³)，沟床宽平、顺直，由碎石(粒径小于 0.3 m)和泥沙质组成	34	28	24	20

3)云南大盈江浑水泥石流流速计算公式

$$v_c = \left(\frac{\rho_w}{\rho_c}\right)^{0.4} \left(\frac{\eta_w}{\eta_m}\right)^{0.1} v_w \tag{5-9}$$

式中　η_w——清水有效黏度，Pa·s；

　　　　η_m——泥石流浆体有效黏度，Pa·s，通过试验测定得到，浆体中土体颗粒粒径最大为 1 mm；

　　　　v_w——清水流速，m/s，可通过谢才公式计算。

该公式适用于低黏度的连续性黏性泥石流流速和过渡性泥石流流速的计算。

4)简化计算公式

$$v_c = m_c R^{2/3} i^{1/2} \tag{5-10}$$

式中　v_c——黏性泥石流流速，m/s；

　　　　R——泥石流流体的水力半径，m；

　　　　i——泥石流的泥面比降(%)，可用沟床比降代替；

　　　　m_c——泥石流糙率系数，可按表 5-2 选取。

5)弯道公式

因黏性泥石流弯道超高十分明显，且在弯道两侧残留的泥痕也十分清晰，在进行泥

石流调查时,可采用下式计算:

$$v_c = \sqrt{\frac{ghR}{4B}\left(1 + \frac{R-B}{R}\right)} \tag{5-11}$$

式中 v_c——黏性泥石流流速,m/s;

　　　 R——弯道曲率半径,m;

　　　 B——泥面宽,m;

　　　 h——弯道超高,m;

　　　 g——重力加速度,取 9.81 m/s^2。

　　舒安平等(2003)根据曼宁公式的结构形式,通过对大量泥石流沟的实测资料进行统计分析,得出涉及参数较为全面、具有普遍意义的黏性泥石流运动速度公式。经验表明,该公式的可靠度令人满意,计算公式如下:

$$v_c = 1.62\left[\frac{S_v(1-S_v)}{d_{10}}\right]^{2/3} H^{1/3} i^{1/6} \tag{5-12}$$

式中 v_c——黏性泥石流流速,m/s;

　　　 S_v——黏性泥石流的输沙浓度,kg/m^3;

　　　 i——泥石流的泥面比降(%),可用沟床比降代替;

　　　 d_{10}——有效粒径,mm;

　　　 其余符号意义同前。

5.1.2.2　流量估算

　　泥石流流量是泥石流动力学特征的重要参数之一。与一般水流相比,泥石流有如下特征:流量大,比一般水流大几倍到几十倍;同次泥石流中不同断面的最大流量,因补给物质不同而异;有时小沟道泥石流反而比大沟道的大。因此,准确估算出泥石流的流量难度很大。

　　在估算泥石流流量时,既要考虑过去的情况,又要考虑治理中泥石流衰退的趋势,勿使设计流量过大,造成工程建设的浪费。目前,提出的估算方法,如形态调查法、雨洪法、综合成因法、地理参数法和暴雨泥石流法,其共同特征是,用一定参数公式形式来表示,共同因子是暴雨、泥石流密度、泥沙相对体积质量、水密度等。现将泥石流流量估算的常用方法介绍如下。

　　1. 形态调查法

　　形态调查法又称泥痕调查法,与一般水利工程无实测资料沟道流量调查方法相同。在无实测泥石流流量资料的情况下,须在泥石流沟内尽可能查到新近和历史上泥石流的泥痕或最高泥痕的位置。调查断面应尽可能选择在沟道顺直、断面均一、沟床冲淤变化小的流通段,有条件时,可在桥梁等排导建筑物处或在沟床基岩出露段进行。

　　泥石流流量 Q_c 的计算公式为

$$Q_c = \omega_c v_c \tag{5-13}$$

式中 Q_c——泥石流流量,m^3/s;

　　　 ω_c——过流断面面积,m^2;

　　　 v_c——泥石流流速,m/s。

形态调查法所求得泥石流流量,只是调查频率的泥石流流量 Q'_p ,设计频率的泥石流流量 Q_p 与洪水调查一样,需要经过频率换算求出。

2. 配方法

配方法是根据泥石流流体中水与固体物质的比例,在一定设计标准下可能出现的清水流量,加上按比例所需的固体物质体积,调配而成的泥石流流量的计算方法。该法假定泥石流与暴雨洪水同频率、同步发生,计算断面的暴雨洪水设计流量全部转化为泥石流流量。配方法是目前泥石流流量计算的基本方法。基本表达式为

$$Q_c = Q_B(1 + \varphi) \tag{5-14}$$

式中　Q_c——与 Q_B 同频率的泥石流流量,m^3/s;

　　　Q_B——某一频率的暴雨洪水设计流量,m^3/s;

　　　φ——泥石流修正参数,可用式(5-15)表示。

$$\varphi = \frac{Q_H}{Q_B} \quad 或 \quad \varphi = \frac{\gamma_c - 1}{\gamma_H - \gamma_c} \tag{5-15}$$

式中　Q_H——固体流量,m^3/s;

　　　γ_c——泥石流容重,t/m^3;

　　　γ_H——泥石流中泥沙的相对体积质量。

(1)考虑补给砂石体含水量的配方法。

$$Q_c = Q_B(1 + \varphi_c) \tag{5-16}$$

式中　φ_c——考虑形成泥石流补给砂石体含水量的泥沙修正系数,可由式(5-17)计算得出。

$$\varphi_c = \frac{1 - C_{VB}}{C_{VB} - \varepsilon(1 - C_{VB})} \tag{5-17}$$

式中　ε——泥石流补给区中固体物质的体积与原始含水量之比,可在野外实测,也可采用当地水文气象站的资料;

　　　C_{VB}——泥石流体中水的体积含量,可通过式(5-18)计算。

$$C_{VB} = \frac{\gamma_H - \gamma_c}{\gamma_H - 1} \tag{5-18}$$

式中符号意义同前。

式(5-16)不仅考虑了固体补给量,而且考虑了补给砂石体中水的含量,计算较为精确。

(2)考虑堵塞条件下的配方法。

泥石流在通过急弯、纵坡突变的沟段,常发生停积堵塞,随后又加速流动,成为泥石流流量增大的重要原因。该条件下,流量的计算公式为

$$Q_c = Q_B(1 + \varphi)D_u \tag{5-19}$$

式中　D_u——堵塞系数,可查表5-3获取;

　　　其余符号意义同前。

表 5-3　堵塞系数值

堵塞程度	最严重	较严重	一般	微弱
D_u 值	2.6~3.0	2.0~2.5	1.5~1.9	1.0~1.4

3. 波高法

依据泥石流运动所产生的波峰高度,计算泥石流流量,可采用式(5-20)计算:

$$Q_c = \omega_c v_c \tag{5-20}$$

式中　Q_c——泥石流流量,m^3/s;

　　　ω_c——在泥深为 h_c 时的过流断面面积,m^2;

　　　v_c——泥石流波的流速,m/s。

$$h_c = 2.8 h_0^{0.92} = 2.8 \left(\frac{\tau_0}{\gamma_c i}\right)^{0.92} \tag{5-21}$$

式中　h_c——泥石流可能形成最大的波峰高度,m;

　　　h_0——沟床内可能发生的最大残留层厚度,m;

　　　τ_0——黏性泥石流的静切应力,kPa。

5.1.2.3　泥石流容重的测定

泥石流容重大小不仅是计算泥石流流速、流量、冲击力等特征值的基础,同时反映了泥石流的结构状况。此外,泥石流容重也是区分一般浑水、稀性泥石流和黏性泥石流较明显的参数,其数值的确定常采用以下几种方法。

1. 取样称重法

在泥石流发生时,直接取得多个泥石流体样品,取样品中最大容重值作为泥石流设计容重。测定时,将泥石流装入容器,测出体积,称其重量,然后按式(5-22)求出其容重:

$$\gamma_c = \frac{P_1 - P_2}{V} \tag{5-22}$$

式中　γ_c——泥石流容重,t/m^3;

　　　P_1——泥石流体与容器总质量,t;

　　　P_2——容器质量,t;

　　　V——泥石流在容器内的体积,m^3。

该方法简便易行,但随意性较大,应考虑到取样地段的典型性和代表性。

此方法仅适用于泥石流暴发频率很高的泥石流沟,如云南盈江浑水沟泥石流的设计容重为 25 t/m^3,云南东川蒋家沟为 2.30 t/m^3。

2. 计算法(无资料时)

对稀性泥石流,容重为

$$\gamma_c = \gamma_B (1 - W)(\gamma_H - \gamma_B) \tag{5-23}$$

式中　γ_B——水的容重,取值为 1.0 t/m^3;

　　　γ_H——固体物质容重,t/m^3;

　　　W——泥石流的含水量(体积比,以小数计),可用式(5-24)表示。

$$W = 2.38 \sqrt{0.73 \sqrt{i \frac{R}{H}}} \tag{5-24}$$

式中　i——沟床坡度(%);

　　　R——水力半径,m;

　　　H——泥深,m。

对黏性泥石流,容重为

$$\gamma_c = 1.65 d_{cp}^{0.188} \tag{5-25}$$

式中　d_{cp}——泥石流堆积物平均粒径,mm。

5.1.2.4　泥石流体的抗剪强度

泥石流体的抗剪强度直接关系到防治工程的投资和运行安全,是设计的重要参数之一。泥石流体含有较多巨砾,用一般土工仪器难以测定,故在国内外研究较少。以往设计中,常参考东川泥石流研究成果(见表 5-4)。

表 5-4　泥石流体的抗剪强度指标

泥石流类别	内摩擦角(°)	黏结力 c(Pa)
黏性泥石流	20~30	$7.8 \times 10^4 \sim 10.8 \times 10^4$
稀性泥石流	25~35	$2.9 \times 10^4 \sim 7.8 \times 10^4$

5.1.3　泥石流防治工程设计

泥石流治理的岩土工程措施是在泥石流流域内采用土木工程构筑物(如拦砂坝、排导槽、谷坊和护坝等),消除、控制和减轻泥石流灾害的工程技术措施。

5.1.3.1　工程设计标准

泥石流防治工程标准分为设计标准和校核标准两种。根据拟定工程的重要程度、规模、性质和范围,泥石流危害的严重程度及国民经济的发展水平等,准确、合理地选定某一频率作为计算峰值流量的标准,称为设计标准。在大于设计标准的某一标准状态下,工程仍能发挥其原有作用,这一标准称为校核标准。

防治工程应按 3 个阶段设计,即可行性方案设计、初步设计和施工图设计;治理工程宜按 2 个阶段设计,即初步设计和施工图设计。目前,通用的泥石流灾害防治工程安全等级标准分为 4 级(见表 5-5),各等级的泥石流灾害防治主体工程设计标准见表 5-6。

5.1.3.2　工程设计(规划)的基本参数

泥石流防治工程相关参数主要有岩体或土体的承载力、摩擦系数(f)、泥石流的密度(ρ_c)、流速(v)和流量(Q)等。

5.1.3.3　治理工程的类型及设计要点

常见的泥石流防治工程按其功能可分为拦挡、排导、停淤、沟道整治、调水、防护和坡面治理 7 类工程,下面简要介绍几种常用的泥石流治理工程。

1.拦砂坝设计

拦砂坝有拦截泥沙、排泄水体、分离水土、削减泥石流峰值流量、提高沟道侵蚀基准面、稳定岸坡、减缓沟道纵坡、防止侵蚀等多种功能。根据拦砂坝坝体结构,可分为重力坝、拱坝、格栅坝和钢索坝等类型。

坝址一般应选在泥石流流通区,可利用 1/10 000~1/2 000 地形图,结合现场实地踏勘选定。

表 5-5　通用的泥石流灾害防治工程安全等级标准

泥石流灾害	防治工程安全等级			
	一级	二级	三级	四级
受灾对象	省会级城市	地、市级城市	县级城市	乡(镇)及重要居民点
	铁道、国道、航道主干线及大型桥梁隧道	铁道、国道、航道及中型桥梁、隧道	铁道、省道及小型桥梁、隧道	乡(镇)间的道路桥梁
	大型的能源、水利、通信、邮电、矿山、国防工程等专项设施	中型的能源、水利、通信、邮电、矿山、国防工程等专项设施	小型的能源、水利、通信、邮电、矿山、国防工程等专项设施	乡(镇)级的能源、水利、通信、邮电、矿山等专项设施
	一级建筑物	二级建筑物	三级建筑物	普通建筑物
死亡人数（人）	>1 000	1 000~100	100~10	<10
直接经济损失（万元）	>1 000	1 000~500	500~100	<100
期望经济损失（万元/年）	>1 000	1 000~500	500~100	<100
防治工程投资（万元）	>1 000	1 000~500	500~100	<100

注：表引自 DZ/T 0239—2004。

表 5-6　各等级的泥石流灾害防治主体工程设计标准

防治工程安全等级	降雨强度	拦挡坝抗滑安全系数		拦挡坝抗倾覆安全系数	
		基本荷载组合	特殊荷载组合	基本荷载组合	特殊荷载组合
一级	100 年一遇	1.25	1.08	1.60	1.15
二级	50 年一遇	1.20	1.07	1.50	1.14
三级	30 年一遇	1.15	1.06	1.40	1.12
四级	10 年一遇	1.10	1.05	1.30	1.10

注：表引自 DZ/T 0239—2004。

　　拦砂坝的布置坝址初步选定后，其确切位置可根据下列原则确定：拦砂坝的布置应与防治工程总体布局相协调，能与上游的谷坊或拦砂坝、下游的拦砂坝或排导槽合理地衔接；拦砂坝应布置在崩塌与滑坡等突发性灾害冲击范围之外，能保证拦砂坝自身的安全；拦砂坝的布置应有较好的综合效益。

　　重力式拦砂坝的设计首先是荷载分析，各种力的计算方法和参数确定，可参考有关规范选用。在设计有效坝高小于 15 m 的中、小型拦砂坝时,表 5-7 所列空库过流情况下的荷载组合可作为控制设计的选项参考。其次是稳定分析,拦砂坝的稳定分析包括 3 个方面:一是坝体抗滑稳定分析,抗滑安全系数应在 1.05～1.15;二是抗倾覆稳定验算,抗倾覆安全系数应在 1.30～1.60;三是地基承载力验算,验算结果是坝的上游边缘地基不出现拉应力,下游边缘地基压应力低于地基承载力。最后是结构尺寸设计,主要为坝高、坝的剖面、溢流口、泄流口与排水孔和坝下消能构筑物等的结构尺寸。

表 5-7　拦砂坝设计荷载组合

泥石流性质	运行情况
稀性泥石流	自重 W、水压力 P、泥石流水平压力 F、扬压力 U、冲击力 V
黏性泥石流	自重 W、泥石流水平压力 F、冲击力 V

2.排导槽设计

排导槽是一种槽形线性过流建筑物,其作用是将泥石流顺利地排泄到主河或指定区域,使保护对象免遭破坏,常用于沟口泥石流堆积扇上或宽谷内泥石流堆积滩地上泥石流灾害的防治。泥石流排导要求纵坡大,线路顺直,结构上能防撞击、冲刷和淤积,具有顺畅排泄各类泥石流、高含沙水流和山洪的能力。

(1)排导槽的布置:除要求线路顺直,纵坡较大,有利于排泄外,还应注意以下几点:一是尽可能利用现有的天然沟道,以保持其原有的水力条件;二是出口尽量与主河锐角相交,防止泥石流堵塞主河;三是在必须设置弯道的槽段,应使弯道半径为泥面宽度的 8～10倍(稀性泥石流)或 15～20 倍(黏性泥石流)。

(2)排导槽纵坡设计:排导槽的纵坡应根据地形(含天然沟道纵坡)、地质等状况综合确定。排导槽的纵坡可参考表 5-8 选择。

表 5-8　泥石流排导槽设计纵坡一览

泥石流性质	稀性		过渡性		黏性	
泥石流类型	泥流	泥石流	泥流	泥石流	泥流	泥石流
密度(g/cm³)	1.1～1.4	1.3～1.7	1.4～1.7	1.7～2.0	≥1.7	≥2.0
纵坡(%)	3～5	5～10	4～7	8～12	6～15	10～18

(3)排导槽横断面设计:包括横断面形式的选择和断面尺寸的确定。常见的泥石流排导槽横断面形状有梯形、矩形和 V 形 3 种。

(4)排导槽的平面布置:泥石流排导槽一般由进口段、急流段、缓流段、出口段 3 部分组成(见图 5-1)。

(5)排导槽的类型:目前,采用较多的排导槽有软基消能排导槽和 V 形排导槽。

3.停淤场设计

泥石流停淤场是根据泥石流的运动和堆积机制,将运动着的泥石流引入预定地段,令其自然减速、停淤或修建拦蓄工程迫使其停淤的一种泥石流防治工程设施。

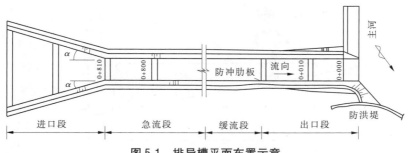

图 5-1 排导槽平面布置示意

停淤场类型主要有以下 3 类：

(1)沟道停淤场。位于泥石流沟谷中，与沟道平行呈带状。停淤场可以利用的面积主要为沟旁漫滩，也包括一部分低洼地。在泥石流沟下游有宽而较长的漫滩或低阶地，且未被耕作利用时，才可选用。

(2)堆积扇停淤场。位于泥石流沟口至主河之间的堆积扇上。选择堆积扇的一部分或大部分作为泥石流停淤场地。

(3)跨流域停淤场。利用邻近流域的低洼地做停淤场。在地形条件适合、工程简单和选价较低时选用此种类型。

泥石流停淤场的组成结构物有拦截坝、引流口、导流堤、围堰、分流墙或集流沟等(见图 5-2)。

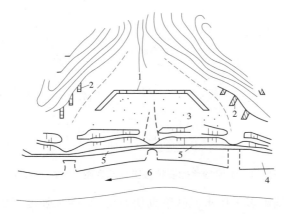

1—拦截坝；2—导流坝；3—围堰；4—停淤场；5—公路；6—主河
图 5-2 公路泥石流停淤场结构示意图

5.1.3.4 泥石流沟道整治工程设计

泥石流沟道整治工程主要分为两大类：一类为固床工程，主要用于固定沟床，减轻、防止谷坡和沟床侵蚀，减少泥石流松散物质补给，防止泥石流发生或减小其规模；另一类为调制工程，为调顺或限制泥石流流路，调节泥石流规模，将其排泄或堆积在指定的场所。

拦挡坝固床稳坡工程是紧靠滑坡或沟岸不稳定段的下游修建拦挡坝，利用其挡蓄的泥沙淤埋滑坡剪出口或保护坡脚，使沟床岸坡达到稳定(见图 5-3)。

拦挡坝的坝高由下式确定：

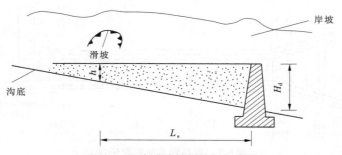

图 5-3　固床稳坡的拦挡坝示意图

$$H_d = L_s i_b + h_s - L_s i_s \qquad (5-26)$$

式中　H_d——沟底以上拦挡坝的有效高度,m;

　　　　L_s——上游坡需要掩埋处距拦挡坝顶上游侧的距离,m;

　　　　i_b——沟床原始纵坡(%);

　　　　i_s——淤积纵坡,一般取为$(0.5\sim0.75)i_b$;

　　　　h_s——沟底以上需要淤埋的深度,m。

护坡工程一般采用不低于 M7.5 的水泥砂浆砌石,坡脚进行表面护砌(见图 5-4),护坡高度不低于设计最高泥位。内壁坡度一般与岸坡平行,迎水坡度略缓,护砌厚度顶部一般不小于 50 cm,底部不小于 100 cm,埋入基础深度应大于冲刷深度,且不小于 100 cm。

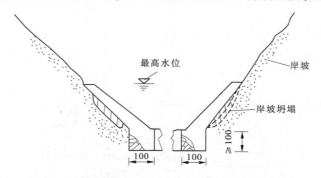

图 5-4　水泥砂浆砌石护坡工程示意图　(单位:cm)

护底工程中护底铺砌多采用水泥砂浆砌块石铺砌,砂浆强度等级不低于 M7.5,铺砌厚度不小于 50 cm[见图 5-5(a)]。在非重要的沟段也可采用干砌块石,用丁砌法铺砌,厚度不小于 50 cm[见图 5-5(b)]。

5.1.3.5　坡面治理工程设计

坡面治理工程主要用于泥石流沟形成区的治理,包括削坡工程、挡土工程、排水工程、等高线壕沟工程和水平台阶工程等。

削坡工程用来修整不稳定坡面以减缓坡度,削坡后上部坡比 1:1左右,下部坡比 1:1.5 左右,新坡面应实时修建被覆工程。

排水工程主要形式为排水沟。排水沟一般在沟谷上游形成主、支沟排水网。主沟布置应沿沟谷两侧与沟谷走向一致,排水沟应防渗。

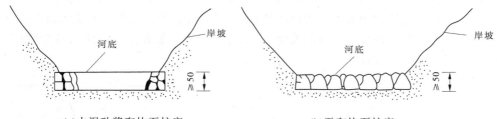

(a)水泥砂浆砌块石护底　　　　　　　　　(b)干砌块石护底

图 5-5　护底工程示意图　（单位:cm）

水平台阶工程主要为梯田。坡角 3°～ 15°时,田面宽北方地区不小于 8 m,南方地区不应小于 5 m,田坎高 0.5～1.0 m;坡角 15°～25°时,田面宽北方地区不小于 4 m,南方地区不小于 2 m,田坎高 1.0～4.0 m,边坡多为 1.0:0.3～1.0:0.5。

5.2　崩岗综合防治

5.2.1　崩岗侵蚀概述

5.2.1.1　崩岗侵蚀现状

崩岗侵蚀较严重地区涉及长江流域、珠江流域和东南沿海诸流域。从区域地貌来看,主要发生在南岭山脉广东、江西、湖南、广西的丘陵地貌和福建的武夷山脉、戴云山丘陵地貌。从行政区域看,崩岗侵蚀主要分布在湖北、湖南、安徽、江西、福建、广东、广西 7 个省(区),共有大、中、小型崩岗约 23.91 万个。崩岗侵蚀的数量分布情况见表 5-9。

表 5-9　崩岗侵蚀的数量分布情况

省(区)	崩岗数量(个)	崩岗面积(hm²)	占总面积比(%)
广东	107 941	82 760	67.83
福建	26 023	7 339	6.02
江西	48 058	20 675	16.95
湖南	25 838	3 739	3.06
广西	27 767	6 598	5.41
湖北	2 363	538	0.44
安徽	1 135	356	0.29
合计	239 125	122 005	100

5.2.1.2　崩岗侵蚀分类

1.按崩塌形态特征分类

按崩岗的崩塌形态特征可分为条形崩岗、瓢形崩岗、弧形崩岗、爪形崩岗(见图 5-6)和混合型崩岗 5 种。条形崩岗主要分布在直形坡上,由一条大沟不断加深发育而成;瓢形崩岗通常在坡面上形成腹大口小的葫芦瓢形崩岗沟;弧形崩岗主要分布在河流、溪沟、渠道一侧,一般在山坡坡脚受水流长期侵蚀和重力崩塌作用下形成;爪形崩岗包括沟头分叉和倒分叉两种,多分布在坡度较缓的坡地上;混合型崩岗一般发生在崩岗发育中晚期,由两种不同类型崩岗复合而成。

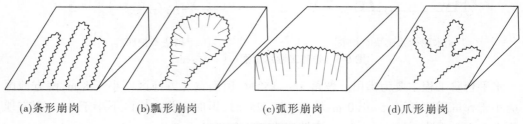

(a)条形崩岗　　　　(b)瓢形崩岗　　　　(c)弧形崩岗　　　　(d)爪形崩岗

图 5-6　崩岗形态示意

条形崩岗、瓢形崩岗、弧形崩岗、爪形崩岗、混合型崩岗侵蚀在各省(区)均有分布(见表 5-10)。

表 5-10　南方 7 省(区)崩岗侵蚀形态分布情况

崩岗类型	崩岗数量		崩岗面积	
	个数	所占比例(%)	面积(hm²)	所占比例(%)
条形	61 609	25. 76	20 195	16. 55
瓢形	51 930	21. 72	27 978	22. 93
弧形	49 067	20. 52	15 342	12. 58
爪形	19 813	8. 29	13 201	10. 82
混合型	56 706	23. 71	45 288	37. 12
合计	239 125	100	122 004	100

2. 按崩岗活动情况分类

依据崩岗的发育活动阶段,可将崩岗划分为活动型、相对稳定型和稳定型 3 种类型。

3. 按崩岗侵蚀规模分类

按崩岗崩口面大小可分为大型崩岗($S>3\ 000\ m^2$)、中型崩岗($1\ 000\ m^2<S\leqslant3\ 000\ m^2$)、小型崩岗($60\ m^2\leqslant S\leqslant1\ 000\ m^2$)3 种。

5.2.1.3　崩岗侵蚀的形成过程与发展规律

1. 崩岗侵蚀形成条件

崩岗侵蚀的形成与发育须具备以下 4 个基本条件:①深厚的土层或风化母质;②软弱面的发育;③强大的径流冲击和地下水在软弱面的运动;④地表植被及枯枝落叶层遭到严重破坏。

2. 崩岗侵蚀形成过程

在花岗岩风化壳发育地区,植被破坏后,局部坡面出现较大的有利于集流的微地形,面蚀加剧,多次暴雨径流导致红土层侵蚀流失,于是片流形成的凹地迅速演变成细沟、浅沟和冲沟。随着径流的不断冲刷,冲沟不断加深和扩大,其深宽比值不断增大,下切作用进行的速度比侧蚀速度快,冲沟下切到一定深度形成陡壁。陡壁形成之后,剖面出露沙土层,斜坡上的径流在陡壁处转化为瀑流。瀑流强烈地破坏其下的土体,在沙土层中很快形成溅蚀坑,溅蚀坑不断扩大,逐渐发展成为龛。龛上的土体吸水饱和,内摩擦角随之减小,抗剪强度降低,在重力作用下便发生崩塌,形成雏形崩岗。崩塌产物大部分被流水带走,使沙土层再次暴露出来,在地面径流和瀑流的影响下又形成新的龛,再度发生崩塌,如此反复形成崩岗地貌。

3. 崩岗侵蚀发展规律

崩岗一般由侵蚀沟演变发育而成,它的发生发展大体可分为以下 4 个阶段:

(1)初始发育阶段又称即将形成阶段。地表承接天然降雨后,坡面产生地表径流,随着降水量的增加,时间延长,径流加大,在微地形及地被物的作用和影响下,地表径流汇聚成股流,其冲刷力不断增大。有的股流沿着地面原有的低凹处流动,依靠自身冲刷力而成细沟侵蚀,逐步发育成浅沟侵蚀。这种侵蚀在直线形坡上大致呈平行状排列,沟距也大致相等,进一步发育会形成条形崩岗。如果在凹形坡上呈树枝状分布,进一步发育会形成爪形崩岗或瓢形崩岗。

(2)快速发展阶段又称剧烈扩张阶段。随着径流不断增加,冲刷力越来越强,浅沟不断发展,沟底下切,形成切沟侵蚀。沟头溯源前进,沟壁扩张迅速,沟道深、宽均超过 1 m。此时,沟底已切入疏松的砂土层或碎屑层,并出现陡坎跌水。在此过程中,沟道中的细小水流汇集成大的水流,与所挟带的泥沙冲刷沟底,使沟底迅速加深,侵蚀基准面不断下降,沟坡失去原来的稳定性。同时,流水还冲淘沟壁底部,或由于雨水沿着花岗岩风化体裂隙渗入土内,土粒吸水膨胀,重力增大,黏聚力减小,这些均会造成沟壁崩塌,扩张加剧,形成崩岗。

(3)趋于稳定阶段又称半固定阶段。崩岗经过剧烈扩张崩塌后,由于溯源侵蚀造成崩岗沟头接近分水岭,或两侧侵蚀使崩壁到达山脊附近。这时,上坡面进入崩岗的径流大大减少,很难完全冲走崩塌在坡脚下的堆积物,无形中起到了护坡的作用,而沟床的比降也大为减小,流水冲刷力逐渐减弱。崩岗内的陡壁土体因失稳而崩塌下来的泥沙堆积在崩壁下,使其坡面角度有的接近休止角,并逐渐恢复了植被,崩岗发育便趋于停止。

(4)稳定阶段又称固定阶段。在这一阶段,崩岗内沟床趋于平缓,沟内已无集中径流冲刷。崩壁坡脚也因上面崩塌的土体堆积不再被冲走而达到稳定休止角,不再崩塌。随着表层土体的稳定,植被逐渐生长,形成稳定的崩岗。

5.2.2 崩岗综合防治技术

5.2.2.1 传统治理崩岗侵蚀技术

我国对崩岗侵蚀的治理技术已进行了一系列探索,总结了一些治理措施,取得一定的治理成效,探索出一套较为完整的包括生物措施和工程措施的崩岗立体综合治理技术,概括为"上截、下堵、中绿化"。"上截"是在崩岗沟头及其四周修建天沟排水,防止径流冲入崩口;"下堵"是在崩岗沟口修筑谷坊,拦蓄径流泥沙,抬高侵蚀基准面,稳定沟床,防止崩壁底部淘空塌落;"中绿化"是在崩积堆上造林、种草、种经济林(竹)或农经作物等,以稳定崩积堆的措施。但这种传统防治措施依然存在一定的不足。

1. 传统治理技术上存在缺陷

"上截、下堵、中绿化"的防治思路未能把崩岗作为一个整体进行系统整治,难以彻底根治崩岗侵蚀的危害。在各项措施的配置上存在缺陷。例如,"上截"只强调开沟排水,忽视了植物措施的合理配置,以控制集水坡面水土流失,即重工程轻植物,未另对崩岗侵蚀的主要泥沙来源地——崩壁的整治予以重视,即重局部轻整体;在沟壁边缘植物措施的配置上,忽视了因沟壁边缘乔木树种的存在而给沟壁稳定带来的威胁,即重治标轻治本。

2. 整治理念上缺乏资源化的思想

传统的治理方法往往只把崩岗作为灾害来看,缺少从资源的视角来考虑崩岗治理。传统的崩岗治理方式多以工程措施和生物措施为主,重视生态效益,而忽视了合理开发利用崩岗侵蚀区土地资源带来的经济效益。应将崩岗侵蚀区土地资源的整治与开发利用有机结合起来,更新治理理念,兼顾、平衡生态效益与经济效益,采用崩岗资源化的理念,实现崩岗整治生态、社会和经济三大效益的"共赢"。

3. 行动上缺少社会公众参与

目前,崩岗整治多属政府行为,政府出资、政府组织、政府实施,缺少社会公众的主动参与。崩岗治理需要寻找一条农民大众主动参与的治理路线,经济开发型治理模式就是一种能推动公众主动参与治理的有益探索。社会公众主动参与崩岗治理,可以降低政府成本,增加农民收入,保护治理成果的持续性。

5.2.2.2　崩岗综合防治新理念

1. 区划优先

崩岗防治区划是在崩岗综合调查的基础上,根据崩岗侵蚀的发育状况、侵蚀特点、形成过程及侵蚀地貌等,并考虑崩岗防治现状与社会经济发展对生态环境的需求,在相应的区域划定有利于崩岗侵蚀治理与水土资源合理利用的单元,为崩岗治理措施的布设提供重要依据。根据崩岗的侵蚀特点、发展规律和侵蚀地貌,可以将崩岗防治区划分为沟头集水区、崩塌冲刷区和沟口冲积区。沟头集水区地表径流和泥沙向崩岗沟汇集,产生跌水,加速沟底侵蚀和边坡失稳;沟头或沟壁崩塌下来的泥沙或土体堆积在崖脚。由于径流的冲刷,崩塌疏松的物质很快被带到沟口堆积而形成冲积扇,部分随洪流带到下游(见图5-7)。

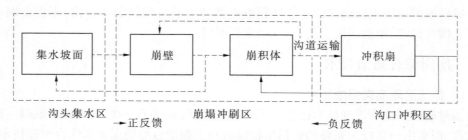

图 5-7　崩岗系统物质能量输送及其反馈机制模式

2. 以崩岗口为单元的"三位一体"综合治理

针对传统崩岗治理方法的不足,提出"治坡、降坡、稳坡"的崩岗侵蚀综合治理新思路。在崩岗治理的过程中,将崩岗作为一个系统整体,以崩岗口为单元,采取生物、工程等措施分区综合治理沟头集水区、崩塌冲刷区、沟口冲积区等各个子系统,疏导外部能量,治理集水坡面,稳定崩壁,固定崩积体,同时在沟道修筑谷坊与拦砂坝,抬高侵蚀基准面,稳定坡脚,全面控制崩岗侵蚀。

(1)沟头集水区:主要包括集水坡面和崩岗沟头。该区的侵蚀主要是集水坡面的面蚀、沟蚀及沟头溯源侵蚀。集水坡面汇集径流流向崩壁,形成跌水,加速崩岗沟底侵蚀与崩壁失稳。该区的防治要点是有效地拦截降雨,增加土壤入渗、崩岗上方坡面的径流,防止径流流入崩塌冲刷区,控制集水坡面的跌水动力条件。

(2)崩塌冲刷区:包括崩壁和崩积体。该区的侵蚀主要是崩壁的下切侵蚀、崩积体的重力坍塌和径流冲刷侵蚀。该区的防治要点是结合削坡开级,快速绿化崩壁,减少径流对崩壁的冲刷,防止其重力坍塌,同时采取植物措施固定崩积体,减少崩积体的再侵蚀过程。

(3)沟口冲积区:包括沟道和冲积扇两部分地貌单元。该区的侵蚀主要是沟道的下切侵蚀和径流对冲积扇的冲刷。防治要点是通过修筑植物谷坊、土谷坊、石谷坊等各类谷坊和拦砂坝,提高侵蚀基准面,降低溯源侵蚀,阻止泥沙向下游移动并汇入河流;同时采取生物措施固定冲积扇,有效减少径流侵蚀,减少向下游河道的泥沙输送。

5.2.3　经济开发型崩岗综合治理

5.2.3.1　经济开发型崩岗综合治理定义

经济开发型崩岗治理即用系统论原理、系统工程的方法,把崩岗分成沟头集水区、崩塌冲刷区、沟口冲积区,分别采取治坡、降坡、稳坡"三位一体"的措施,用合理、经济、有效的方法与技术,分区实施治理,全面控制崩岗侵蚀,以达到转危为安、化害为利的目的。通过工程措施与植物措施相结合,坡面治理与沟底治理相结合,局部与整体相协调的治理方法,配置经济类作物(如果、茶、竹、经济林、用材林、农作物等),在产生生态效益的同时形成经济效益,并具一定规模,从而实现崩岗规模经济(见图5-8)。

5.2.3.2　经济开发型崩岗综合治理模式

1.沟头集水区治理——治坡

治坡,就是对沟头集水坡面进行开发性治理,以工程措施为基础,结合生物措施。首先,应结合工程整地,运用径流调控理论,在沟头集水坡面,开挖水平竹节沟、鱼鳞坑或大穴整地等,排除和拦蓄地表径流,科学调控和合理利用地表径流,控制水土流失,做到水不进沟。其次,由于沟头集水区表土剥蚀严重,心土十分贫瘠,工程整地时,在立地条件较好的地方,还应回填表土或施放基肥,实施土壤改良措施,以快速恢复植被;或种植水土保持效果好、抗逆性强的经济林果木,高效利用水土资源。对于处于发育晚期、沟头已溯源侵蚀至分水岭的崩岗,可根据当地的地形特点,因地制宜地进行削坡开级或就地平整,然后合理开发利用土地资源,达到生态效益和经济效益双丰收的目标。

2.崩塌冲刷区治理——降坡

降坡就是采用机械或人工的方法,对地形破碎的崩岗群的坡地进行削坡降级并修整成平台。一般自上而下开挖,分级筑成阶梯式水平台地,即削去上部的失稳土体,逐级开成水平台地,俗称削坡开级。这样不仅可降低原有临空面的高度,促进沟头和沟壁的稳

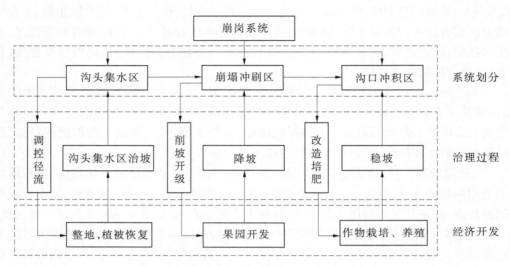

图 5-8　经济开发型崩岗综合治理总体思路

定,防止沟头溯源侵蚀,而且可为生物措施的实施创造有利条件。另外,在水平台地上,还可种植经济林、茶叶或果树。

3. 沟口冲积区治理——稳坡

稳坡就是在沟底平缓、基础较实、"口小肚大"的地方,因地制宜地选择植物、土地、石块、水泥等修建各类谷坊和拦砂坝等工程措施,以拦蓄泥沙,滞缓山洪,抬高侵蚀基准面,稳定坡脚,降低崩塌的危险,做到沙不出沟。在冲积扇下游,可改良土壤,培肥地力,种植经济作物,增加经济收入。

4. 培育崩岗经济

通过实施治坡、降坡和稳坡"三位一体"的整治技术,把难利用的崩岗侵蚀劣地改造成农业用地和经济果木园地。这种崩岗经济治理模式,集成了各种崩岗最佳治理技术要素,使崩岗治理的生态效益和经济效益得以充分发挥,是促进农民增收和建设新农村奔小康的重要途径,群众也容易接受。但投入较大,多用于混合型崩岗、大型的瓢形崩岗、爪形崩岗和崩岗群的治理。对位于交通便利、经济条件较好区域的中型崩岗也可以采用这种模式(见图 5-9)。

5.2.3.3　经济开发型崩岗综合治理技术

1. 沟头集水区治理

沟头集水区治理措施主要包括坡面工程措施和植物措施。工程措施包括斜坡固定工程、护坡工程等,通过实施工程措施增强坡体稳定性。植物措施主要通过种植作物、实施封禁来稳定集水坡面,增加雨水入渗、降低流水对坡面冲刷的作用。

2. 崩塌冲刷区治理

崩塌冲刷区治理原则在于提高沟壁——崩积体负反馈机制作用并减小正反馈机制作用,传统方法是:首先对崩积体进行整治,采用机械或人工的方法降级整地成平台。自上而下开挖宽阶梯水平台地,减小了原有临空面高度,有利于沟头和崩壁的稳定,防止沟壁溯源侵蚀。同时,为水平台地内挖穴配置种植经济类作物提供了条件,为保证这些经济类

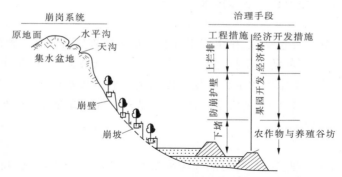

图 5-9　基于系统工程的经济开发型崩岗治理模式示意图

作物生态群落的稳定性与多样性,可在崩积体较稳定的地表培育果园。

3. 沟口冲积区治理

沟口冲积区治理主要采取工程措施与农作物措施相结合,提高其与崩积体之间的负反馈机制作用。工程措施主要是在沟道建立谷坊拦截崩岗内泥沙;农作物措施是在山脚种植树种、草灌及经济型农作物。这样不仅可以快速覆盖、阻止洪积扇泥沙,更重要的是与沟头集水区的经济林及崩塌冲刷区的果园开发形成了一套立体式的崩岗系统经济开发型治理模式,三者互为补充、互相依存。

5.2.4　生态恢复型崩岗治理技术

5.2.4.1　生态恢复型崩岗治理定义

生态恢复是指恢复被损害的生态系统并使之接近被损害前自然状况的管理过程,即重建该系统干扰前的结构与功能及有关的物理、化学和生物学特征的过程。生态恢复型崩岗侵蚀治理的思路和目标就是发挥生态自我修复能力,配合人为的预防监督、强化保护,使生产建设与防治水土流失同步,使受损的生态系统恢复或接近被损害前的自然状况,恢复和重新建立一个具有良好结构和功能且具有自我恢复能力的健康的生态系统。

5.2.4.2　适用条件与确定原则

崩岗不同的发育形态、发育阶段、发生规模等,决定了治理崩岗的措施必须有所差异。在崩岗发生的初期主要是以条形崩岗为主,然后慢慢发展成其他类型的崩岗(爪形崩岗、瓢形崩岗等)。对于发生初期的条形崩岗,生态恢复型治理具有广泛的适用性。同时,由于目前的社会经济发展状况,崩岗治理主要还是以经济开发型治理为主,对于交通不便、经济条件差的地区,可以选择人工强度干预加生态恢复治理的模式治理崩岗。

根据以上适宜性条件,生态恢复型崩岗治理模式应用原则为:主要适用于崩岗区条形崩岗、弧形崩岗、小型瓢形崩岗及规模较小的崩岗,或者在交通不便、劳动力缺乏、立地条件不适合进行经济开发型治理的各类型规模较大的崩岗,也可以根据土地利用规划和经济社会条件选择使用。生态恢复治理措施分为轻微人工干预治理和强度人为干预治理。治理过程需要考虑崩岗的规模、类型、集水坡面面积大小等因素。

5.2.4.3　生态恢复型崩岗综合治理技术

1. 沟头集水区治理

沟头集水区治理主要包括截、排水沟工程和集水区植被生态恢复工程两部分。其中，截、排水沟是集水区重要的防护工程之一，其作用在于拦截坡面径流，防止坡面径流进入崩岗口造成侵蚀。沟头集水区的生态恢复工程则是对崩岗集水区进行生态恢复治理，通过恢复集水区的生态系统功能，增大集水区土壤、植被对水分的吸收，从而减缓集水区径流的产生而加剧崩岗侵蚀。

1) 沟头集水区工程治理

沟头集水区工程治理主要是针对崩岗沟头集水区的水土流失问题，特别是径流汇入给崩塌区稳定带来的危害。沟头集水区治理常采用在崩岗顶部距沟头 5 m 处坡面沿等高线挖 2 条截水沟，沟间距 2 m，沟埂夯实，埂壁拍实、拍光。崩口顶部已到分水岭的，或由于其他因素不能布设截水沟的，应在其两侧布设"品"字形排列的竹节沟。同时根据不同立地条件，选择有效的坡面水土保持工程措施，构建生物与工程相结合的水土保持技术，有效控制沟头集水区水土流失。

2) 沟头集水区生态恢复治理

沟头集水区生态恢复治理包括生态自然恢复和人工辅助恢复两种治理方式。生态自然恢复指主要利用生态系统(森林、灌木、草地等)具有自我繁衍后代的能力，在自然环境中，配合少量人工措施，促使植物群落由简单到复杂、由低级向高级发展，最后达到恢复生态系统功能的一种生态自然恢复方式。在封育期间禁止采伐、砍柴、放牧、割草等一切不利于集水区植物生长繁育的人为活动。特别是在靠近村庄、人为活动比较强烈的区域应该加强监管力度。同时及时进行森林培育，郁闭前，通过割草、松土、补植、补播等为天然下种创造适生条件。对于过密地方的幼苗，采用间苗定植，而对于过稀处或林中空地，则进行补植、补播；郁闭后一般采取修枝、平茬复壮、幼林抚育等措施促进林木生长及培育目的树种。

3) 沟头集水区人工辅助恢复治理

人工辅助恢复是指在土壤侵蚀严重的区域，由于土壤肥力低下、生态系统功能脆弱，必须配合一定的辅助人工措施，促使植物群落在较快的时间内由简单到复杂，由低级向高级发展，最后达到恢复生态系统功能的恢复方式。

沟头集水区人工辅助恢复生态时应遵循群落演替、群落结构、适地适树、生物多样性、生态系统、群落稳定性等原则，对于自然条件恶劣的地方，可选择由草类到乔木的逐步培育过程，具体可因立地条件、原有植被状况而异。

对于人工辅助恢复后的崩岗沟头集水区采用长期全面封育的方式进行生态修复。需人工恢复时，要根据不同立地条件，筛选合适的草树品种，研发配套的栽培和管理技术，选择有效的坡面水土保持工程措施，构建生物措施与工程措施相结合的水土保持技术，有效控制沟头集水区水土流失。

2. 崩塌冲刷区治理

崩壁侵蚀是崩岗产沙的重要来源。针对不同崩岗类型，需要使用不同的控制技术，对较陡峭的崩壁，在条件许可时削坡开级，从上到下修成反坡台地(外高里低)或修筑成等高条带,使之成为缓坡、台阶地或缓坡地,同时配套排水工程,减少崩塌,为崩岗的绿化创造条件。

修筑反坡台地(梯田)包括定线、清基、筑坎、平整、修排水沟5道工序。

修筑缓坡地将崩壁修筑成坡地后,根据坡度大小可依次采用草皮护坡、香根草护坡、编栅护坡、轮胎护坡等进行治理。

3. 堆积冲积区治理

崩塌区侵蚀产生的泥沙堆积在崩岗底部的松散土体,通过二次侵蚀,大量泥沙被输送出崩岗,从而造成危害。而沟头和沟壁崩塌下来的风化壳堆于崖脚,减小了原有临空面高度,有利于沟头和沟壁的稳定。控制崩积体的再侵蚀是防止沟壁不断向上坡崩塌的关键。崩积体土体疏松,抗侵蚀力弱,侵蚀沟纵横交错,立地条件差,特别是土壤养分缺乏且阴湿。一般情况下,对于小崩岗,只要坡面治理得当,崩积体就相对稳定。如崩岗面积大,崩积体坡度大,可采取以下治理措施:先对崩积体进行整地,填平侵蚀沟,崩积体土体疏松,抗侵蚀性弱,种植根系发达的牧草,可在短时间内覆盖崩积体表面,防止降水侵蚀和切沟产生,但因其根系较浅,一旦小侵蚀沟产生,牧草控制土壤侵蚀作用将减弱,因此同时种植深根系草本植物,能有效抑制侵蚀沟发育和崩岗扩张。如果崩岗已发育到中后期,崩积体面积较大,且坡度较缓,可以开发性治理为主。

4. 沟口泥沙控制工程

通过对崩岗沟头集水区、崩塌区和堆积区的综合治理,崩岗的输沙特征发生了明显的变化。在此基础上,可在沟底平缓、基础较好、“口小肚大”的地段修建谷坊,以拦蓄泥沙,节制山洪,改善沟道立地条件。由于修建谷坊工程量大,须动用大型机械,因此只在关键部位修建谷坊,沟底的治理应以生物措施为主。谷坊按10年一遇24 h暴雨标准设计,生态型治理崩岗一般选用土谷坊,设计高度为1~5 m。建好谷坊后,可在其上种植香根草等根系较发达的植被,以稳固谷坊。在崩岗沟底种植植物,均需客土,以增加有机质,提高成活率。

第6章　弃渣场及拦渣工程

6.1　弃渣场

　　弃渣场设计包括选址、容量及堆置方案确定、布置防护建筑物、后期利用或植被恢复等内容。弃渣场选址、容量与堆置方案确定等必须服从工程总体布置;拦渣工程、防洪排导工程等防护建筑物布置应以确保弃渣场稳定为原则,并因地制宜。

6.1.1　弃渣场的概念及类型

　　弃渣场是指专门用于堆放生产建设项目施工期和生产运行期产生的弃土、弃石、尾矿和其他固体废弃物质(统称"弃渣")的场地。弃渣场的上游汇水面积不宜过大,尽量选在仓库内。

　　弃渣场防护措施体系与弃渣堆存位置关系密切。弃渣场类型按堆存位置分类,可划分为沟道型渣场、临河型渣场、坡地型渣场、平地型渣场和库区型渣场。沟道型渣场是将弃渣堆放在沟道内,堆渣体将沟道全部或部分填埋,适用于沟底平缓、"肚大口小"的沟谷地段;临河型渣场是将弃渣堆放在河流或沟道两岸较低台地、阶地和滩地上,堆渣体临河(沟)侧底部低于河(沟)道设防洪水位,适用于河(沟)道两岸有较宽台地、阶地和滩地的地段;坡地型渣场是将弃渣堆放在河流或沟道两侧较高台地、缓坡地上,堆渣体底部高程高于河(沟)设防洪水位,适用于沿山坡堆放,坡角不大于25°且坡面稳定的山坡;平地型渣场是将弃渣堆放在平地上,渣脚可能受洪水影响,适用于地形平缓、场地较宽广的地区;库区型渣场是将弃渣堆放在未建成水库库区内河(沟)道、台地、阶地和滩地上,水库建成后堆渣体全部或部分淹没,适用于工程区无合适堆渣场地,而未建成水库内存在适合弃渣沟道、台地、阶地和滩地等地区。

6.1.2　弃渣场的选址和堆弃原则

　　超前筹划、兼顾运行,有利于渣场防护及后期恢复。渣场的上游汇水面积不宜过大,渣场的地形应"口小肚大",库容量大;渣场应选择在岔沟、弯道下方和跌水的上方,两端不能有集流洼地和冲沟;渣场地质结构稳定,土质坚硬;如果是有污染的渣,还要考虑防渗漏。

　　场址选择和弃渣的堆弃主要遵循如下原则:

　　(1)弃渣就近堆放与集中堆放相结合原则。弃渣场的使用应做好规划,尽量靠近出渣部位布置,缩短运距,减少运费。

　　(2)节约用地原则。尽可能位于库区内,不占或少占耕地;施工场地范围内的低洼地区可作为弃渣场,平整后可作为或扩大为施工场地。

（3）安全稳定原则。弃渣场选址应避开潜在危害大的泥石流、落石、滑坡等不良地质地段布置弃渣场，如确需布置，应采取相应的防治措施，确保弃渣场稳定安全。

（4）以不影响人民生命财产安全和原有基础设施的正常运行为原则。弃渣堆置应不使河床水流产生不良的变化，不妨碍航运，不对永久建筑物与河床过流产生不利影响；若需在河岸布置渣场，应根据河流治导规划及防洪行洪的要求，进行必要的分析论证，采取措施保障行洪安全和减少由此可能产生的不利影响，并征得河道管理部门同意；在可能的情况下，应利用弃土造田，增加耕地。

6.1.3　弃渣场的设计

6.1.3.1　安全防护距离

为确保周边设施的安全，弃渣场堆渣坡脚线至重要设施之间存在一个最小间距，即安全防护距离。根据保护对象的不同，安全防护距离也随之变化。弃渣场与干线铁路、公路、航道、高压输变电线路塔基等重要设施的安全防护距离通常取弃渣场堆置总高度的 1.0~1.5 倍，与水利水电枢纽生活管理区、居住区、城镇、工矿企业的安全防护距离不低于弃渣场堆置总高度的 2.0 倍，与水库大坝、水利工程取用水建筑物、泄水建筑物、灌排干渠（沟）的安全防护距离不应小于堆置总高度的 1.0 倍。计算时，弃渣场以坡脚线为起始界线，铁路、公路、道路建（构）筑物由其边缘算起，航道由设计水位线岸边算起，工矿企业由其边缘或围墙算起。规模较大的居住区（人口 0.5 万以上）和有建制的城镇应适当加大。

6.1.3.2　堆渣要素设计

弃渣场堆渣要素主要包括容量、堆渣总高度与台阶高度、平台宽度、堆渣坡度等。根据弃渣场地形、地质及水文条件等，确定弃渣场堆渣要素，据此设计弃渣场拦挡、护坡、截排洪等防护措施，确保弃渣场渣体稳定。

1. 容量

弃渣场容量是指在满足稳定安全的条件下，按照设计的堆渣方式、堆渣坡比和堆渣总高度，以松方为基础计算渣场占地范围内所容纳的弃渣量。弃渣场容量应不小于该弃渣场堆渣量。弃渣场的堆渣量可按式（6-1）计算。弃渣场顶面无特殊用途时，可不考虑沉降和碾压因素。需要考虑碾压及沉降因素进行修正的，应考虑岩土松散系数、渣体沉降时间等因素后计算。

$$V = \frac{V_0 K_s}{K_c} \tag{6-1}$$

式中　V——弃渣的松方量，m^3；

　　　V_0——弃渣自然方量，m^3；

　　　K_c——岩土的初始松散系数；

　　　K_s——渣体沉降系数。

无试验资料时，岩土初始松散系数参考值可按表 6-1 选取，渣体沉降系数 K_c 的参考值可按表 6-2 选取。

表 6-1　渣场堆渣坡脚线至保护对象之间的安全防护距离

种类	砂	黏土	带夹石的黏土	最大边长度小于 30 cm 的岩石	最大边长度大于 30 cm 的岩石
岩土类别	I	III	IV	V	VI
初始松散系数	1.05~1.15	1.15~1.2	1.2~1.3	1.25~1.4	1.35~1.6

表 6-2　渣体沉降系数 K_s 参考值

岩土类别	沉降系数	岩土类别	沉降系数
砂质岩土	1.07~1.09	砂黏土	1.24~1.28
砂质黏土	1.11~1.15	泥夹石	1.21~1.25
黏土	1.13~1.19	亚黏土	1.18~1.21
黏土夹石	1.16~1.19	砂和砾石	1.09~1.13
小块度岩石	1.17~1.18	软岩	1.10~1.12
大块度岩石	1.10~1.12	硬岩	1.05~1.07

2. 堆渣总高度与台阶高度

堆渣总高度是指渣场堆渣后坡顶线至坡底线间的垂直距离。为增强堆渣体稳定性,对堆渣高度较大的渣场须分台阶堆放。

台阶高度为弃渣分台堆置后台阶坡顶线至坡底线间的垂直距离。堆渣总高度为弃渣堆置的最大高度,即各台阶高度之和。

堆渣总高度与台阶高度应根据弃渣物理力学性质、施工机械设备类型、弃渣场地形地质、水文气象条件等确定。采用多台阶堆渣时,原则上第一台阶高度不应超过 15~20 m;当地基为倾斜的砂质土时,第一台阶高度不应大于 10 m。

影响弃渣场堆渣总高度的因素较多,其中场地原地表坡度和地基承载力为主要因素。弃渣场基础为土质,弃渣初期基底压实到最大的承载能力时,弃渣的堆渣总高度需要控制,堆渣总高度可按式(6-2)计算。

$$H = \pi C \cot\varphi \left[\gamma \left(\cot\varphi + \frac{\pi\varphi}{180} - \frac{\pi}{2} \right) \right]^{-1} \tag{6-2}$$

式中　　H——弃渣场的堆渣总高度,m;

　　　　C——弃渣场基底岩土的黏聚力,kPa;

　　　　φ——弃渣场基底岩土的内摩擦角,(°);

　　　　γ——弃渣场弃土(石、渣)的重度,kN/m³。

缺乏工程地质资料的 4、5 级弃渣场,堆置台阶高度可按表 6-3 确定。

表 6-3　弃渣堆置台阶高度

弃渣类别	堆置台阶高度(m)
坚硬岩石	30~40(20~30)
混合土石	20~30(15~20)
松软岩石	10~20(8~15)
松散硬质黏土	15~20(10~15)
松散软质黏土	10~15(8~12)
砂土	5~10

注:1.括号内数值是工程地质不良及气象条件不利时的参考值。

　2.弃渣场地基(原地面)坡度平缓,弃渣为坚硬岩石或利用狭窄山沟、谷地、坑塘堆置的弃渣场,可不受此表限制。

3. 平台宽度

弃渣堆置平台宽度应根据弃渣物理力学性质、地形、工程地质、气象及水文等条件确定。按弃渣堆置自然休止角堆放的渣体,平台宽度可参考表 6-4 选取。

表 6-4　各类渣体不同台阶高度对应的最小平台宽度　　　　　　(单位:m)

弃渣类别	台阶高度				
	10	10~15	15~20	20~30	30~40
硬质岩石渣	1.0	1.0~1.5	1.5~2.0	2.0~2.5	2.5~3.5
软质岩石渣	1.5	1.5~2.0	2.0~2.5	2.5~3.5	3.5~4.0
土石混合渣	2.0	2.0~2.5	2.0~3.0	3.0~4.0	4.0~5.0
黏土	2.0~3.0	3.0~5.0	5.0~7.0	8.0~9.0	9.0~10.0
砂土、人工土	3.0	3.5~4.0	5.0~6.0	7.0~8.0	8.0~10.0

按稳定计算需进行整(削)坡的渣体,土质边坡台阶高度宜取 5~10 m,平台宽度应不小于 2 m,且每隔 30~40 m 设置一道宽 5 m 以上的宽平台;混合的碎(砾)石土台阶高度宜取 8~12 m,平台宽度应不小于 2 m,且每隔 40~50 m 设置一道宽 5 m 以上的宽平台。

4. 堆渣坡度

堆渣坡度应根据弃渣物理力学性质、弃渣场地形地质及水文气象等条件确定。多台阶堆置弃渣场综合坡度应小于弃渣堆置自然休止角(宜在 22°~25°),并经稳定性验算后确定。弃渣堆置自然休止角指弃渣堆放时能够保持自然稳定状态的最大角度,由弃渣的物理力学性质决定。弃渣堆置自然休止角可作为弃渣场容量计算参考值,但弃渣场堆渣方案设计中不允许采用。弃渣堆置自然休止角可参照表 6-5 选取。

表 6-5 弃渣堆置自然休止角

弃渣类别			自然休止角(°)	自然休止角对应边坡
岩石	硬质岩石	花岗岩	35~40	1:1.43~1:1.19
		玄武岩	35~40	1:1.43~1:1.19
		致密石灰岩	32~36	1:1.60~1:1.38
	软质岩石	页岩(片岩)	29~43	1:1.81~1:1.07
		砂岩(块石、碎石、角砾)	26~40	1:2.05~1:1.19
		砂岩(砾石、碎石)	27~39	1:1.96~1:1.24
土	碎石土	砂质片岩(角砾、碎石)与砂黏土	25~42	1:2.15~1:1.11
		片岩(角砾、碎石)与砂黏土	36~43	1:1.38~1:1.07
		砾石土	27~37	1:1.96~1:1.33
	黏土	松散的、软的黏土及砂质黏土	20~40	1:2.75~1:1.19
		中等紧密的黏土及砂质黏土	25~40	1:2.15~1:1.19
		紧密的黏土及砂质黏土	25~45	1:2.15~1:1.00
		特别紧密的黏土	25~45	1:2.15~1:1.00
		亚黏土	25~50	1:2.15~1:0.84
		肥黏土	15~50	1:3.73~1:0.84
	砂土	细砂加泥	20~40	1:2.75~1:1.19
		松散细砂	22~37	1:2.48~1:1.33
		紧密细砂	25~45	1:2.15~1:1.00
		松散中砂	25~37	1:2.15~1:1.33
		紧密中砂	27~45	1:1.96~1:1.00
	人工土	种植土	25~40	1:2.15~1:1.19
		密实的种植土	30~45	1:1.73~1:1.00

6.1.4 弃渣场稳定计算荷载组合

作用在弃渣体上的荷载有渣体自重、水压力、扬压力、地震力、其他荷载(如汽车、人群等荷载),见表6-6。

6.1.5 弃渣场稳定分析

弃渣场稳定分析指堆渣体及其基础的整体抗滑稳定分析,是确保弃渣场设计经济安全的主要依据。弃渣体失稳主要表现为坝坡滑动或坝坡与坝基一起滑动(剪切破坏)。弃渣场稳定计算的目的是保证弃渣体在自重、孔隙压力、外荷载作用下,具有足够的稳定性。

表 6-6　弃渣场稳定计算荷载组合

荷载组合	计算情况	荷载				
		自重	水压力	扬压力	地震力	其他荷载
基本组合	正常运用	√	√	√	—	√
特殊组合	地震情况	√	√	√	√	√

　　一般根据渣场等级、地形地质条件,结合弃渣堆置形式、堆渣高度、弃渣组成及物理力学参数等,选择有代表性的断面进行计算。在进行稳定分析时,需注意阻滑力的作用效应,通常情况下,渣脚拦渣工程阻滑作用对弃渣场稳定有利,稳定计算时荷载组合不考虑拦渣工程的阻滑力;当弃渣场地受限,拦渣坝须增加容量时,其荷载组合应考虑拦渣坝的阻滑力,按抗滑桩计算。

6.1.5.1　弃渣场抗滑稳定计算工况和安全系数的采用

1. 计算工况

渣体抗滑稳定分析计算可分为正常运用工况和非常运用工况两种。

(1)正常运用工况:指弃渣场在正常和持久的条件下运用。弃渣场处在最终弃渣状态时,需考虑渗流影响。

(2)非常运用工况:指弃渣场在非常或短暂的条件下运用,即渣场在正常工况下遭遇Ⅵ度以上(含Ⅵ度)地震。

(3)弃渣完毕后,渣场在连续降雨期,渣体内积水未及时排除时稳定计算安全系数按非常运用工况考虑。

2. 安全系数的采用

抗滑稳定安全系数根据弃渣场级别和计算方法,按照运用工况采用不同的稳定安全系数。

采用简化毕肖普法、摩根斯顿–普赖斯法计算时,抗滑稳定安全系数按照表 6-7 采用。

表 6-7　弃渣场抗滑稳定安全系数(一)

运用情况	弃渣场级别			
	1	2	3	4、5
正常运用	1.35	1.30	1.25	1.20
非常运用	1.15	1.15	1.10	1.05

采用不计条块间作用力的瑞典圆弧法计算时,抗滑稳定安全系数按照表 6-8 采用。

表 6-8　弃渣场抗滑稳定安全系数(二)

运用情况	弃渣场级别			
	1	2	3	4、5
正常运用	1.25	1.20	1.20	1.15
非常运用	1.10	1.10	1.05	1.05

6.1.5.2　弃渣场抗滑稳定计算方法

现行的边坡稳定分析方法有很多,在弃渣场的稳定分析时通常采用瑞典圆弧法和简化毕肖普法。瑞典圆弧法计算简单,但理论上有缺陷,简化毕肖普法比瑞典圆弧法复杂,但在计算机的广泛应用下,应用较多。

1.瑞典圆弧法

1)基本原理

假定坝体有一系列可能的滑动面,计算滑动块上作用的滑动力矩和抗滑力矩。以抗滑力矩除滑动力矩,即得稳定安全系数,计算出一系列的可能滑动面的安全系数,并找出最小值,就是坝坡稳定安全系数,计算公式为

$$K = \frac{\sum M_r}{\sum M_s} \tag{6-3}$$

式中　$\sum M_r$——土条对圆心滑动力矩之和;

　　　$\sum M_s$——土条对圆心抗滑力矩之和。

计算出的安全系数应小于最小安全系数。

2)计算步骤

采用条分法,按一定的宽度取若干个单宽土条,分别计算土条对圆心 O 的抗滑力矩 M_r 和滑动力矩 M_s。不计条块间作用力的瑞典圆弧法见图 6-1。计算步骤如下:

(1)确定圆心、半径,绘制圆弧。

(2)将土条编号。为方便计算,土条宽度取 $b=0.1R$(圆弧半径),圆心以下的为 0 号土条,向上游为 1、2、3…,向下游为-1、-2、-3…,如图 6-1 所示。

(3)计算土条重量。

(4)计算安全系数,公式为

$$K = \frac{\sum \{[(W \pm V)\cos\beta_i - ub\sec\beta_i - Q\sin\beta_i]\tan\varphi_i' + C_i'b\sec\beta_i\}}{\sum [(W_i \pm V)\sin\beta_i + M_0/R]} \tag{6-4}$$

式中　W_i——土条重量;

　　　Q、V——水平地震惯性力、垂直地震惯性力(向上为负、向下为正);

　　　u——作用于土条底面的孔隙压力;

　　　β_i——条块重力线与通过此条块底面中点的半径之间的夹角;

　　　b——土条宽度;

　　　C_i'、φ_i'——土条底面的有效应力抗剪强度指标;

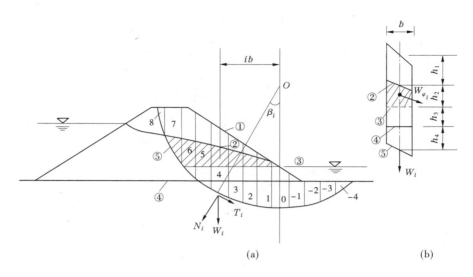

①—坝坡线;②—浸润线;③—下游水面;④—地基线;⑤—滑裂面

图 6-1　圆弧滑动计算简图

M_0——水平地震惯性力对圆心的力矩;

R——圆弧半径。

抗滑稳定计算时,渣场基础及弃渣体的抗剪强度指标——黏聚力、内摩擦角和容重等物理力学参数取值,应结合工程区地质资料,根据弃渣场区域地质勘探资料、弃渣来源、弃渣组成等确定。

3)最危险圆弧位置的确定

上述的圆弧和圆心半径均为任意选择的,求出的 K 一般不是最小的,需经多次试算才能求得。用最少的试算次数,找最小的安全系数。

(1)B.B 方捷耶夫法:认为最小的安全系数 K_{min} 在滑弧圆心扇形 $bcdf$ 范围内,如图 6-2 所示。a 为坝坡中点,ca 为铅直线,ad 为与坝坡线成85°角线,内外半径与坝坡有关。

(2)费兰纽斯法。定出距坝顶 $2H$、距坝趾为 $4.5H$ 的 M_1 点,再从坝趾 B_1 点和坝顶 A 点引出 B_1M_2 和 AM_2,它们分别与下游坝坡及坝顶成 β_1、β_2,K_{min} 位于 M_1M_2 的延长线附近。

(3)以上两种方法适用于均质坝。实际运用时,常将二者结合应用,认为最危险滑弧圆心位于扇形面积中 eg 线附近,并按以下步骤计算 K_{min}。

①eg 上选 o_1、o_2、o_3…为圆心,分别通过 B_1 点做滑弧,求出各自的 K_1、K_2、K_3…,标在圆心上。

②通过 eg 的 K 最小的点 O_4 作 eg 的垂线 $N—N_1$。

③认为 K_1 是最小的通过 B_1 的安全系数标在 B_1 上方。

④坝基土质情况,在坝坡或坝趾再选 B_2、B_3 求出 K_2、K_3 找出相应坝坡稳定计算的 K_1 (15 个滑弧才能成立),可用计算机来解决。

2.简化毕肖普法

瑞典圆弧法不满足每一土条力的平衡条件,一般计算出的安全系数偏低。毕肖普法在这方面做了改进,近似考虑了土条间相互作用力的影响,其计算简图如图 6-3 所示。

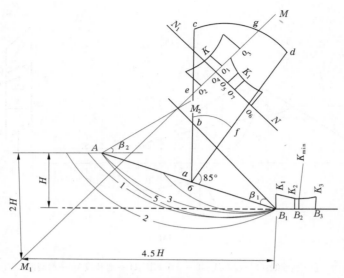

图 6-2　最危险圆弧位置示意图

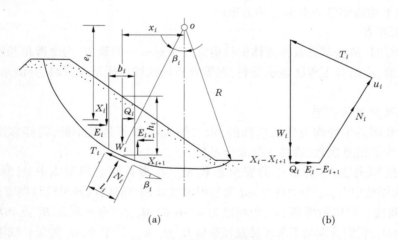

(a)　　　　　　　　　　　　　　　(b)

图 6-3　简化毕肖普法

安全系数计算公式为

$$K = \frac{\sum \left\{ \left[(W \pm V)\cos\beta_i - ub\sec\beta_i - Q\sin\beta_i \right]\tan\varphi_i' + C_i'b\sec\beta_i \right\} \left[1/(1 + \tan\beta_i\tan\varphi_i'/K) \right]}{\sum \left[(W_i \pm V)\sin\beta_i + M_0/R \right]}$$

(6-5)

6.1.6　工程防护措施布局

6.1.6.1　工程措施概念及分类

渣场防护措施主要有工程措施和植物措施两大类。弃渣场防护以工程措施防治弃渣场集中、高强度的水土流失,并辅以渣体坡面、顶面植物措施等。弃渣场工程防护措施布设主要根据弃渣场类型、地形地质及水文条件、建筑材料、施工条件等,选择拦渣、斜坡防护和防洪排导等建筑物结构形式,合理确定工程措施位置、主要尺寸等。

弃渣场工程防护措施类型主要有拦渣工程、斜坡防护工程和防洪排导工程。拦渣工程布置于堆渣体坡脚,主要有拦渣坝、拦渣堤、挡渣墙和围渣堰四种形式;斜坡防护工程主要指堆渣体等的坡面防护措施,包括工程护坡、植物护坡和综合护坡;对已成堆渣体,坡面较陡,不能满足稳定要求的,可采取削坡开级后进行坡面防护;防洪排导工程主要指拦洪坝、排洪隧(涵)洞、排洪渠、排水沟等。

6.1.6.2 防护措施总体布局

弃渣场防护措施总体布局以水利水电工程沟道型、临河型、坡地型、平地型和库区型弃渣场为典型进行概要介绍。其余生产建设项目弃渣场可参照水利水电工程这五类典型渣场进行布局。

1. 沟道型弃渣场防护措施总体布局

沟道型弃渣场防护措施与沟道洪水处置方式有关,根据堆渣及洪水处置方式,沟道型弃渣场可分为截洪式、滞洪式、填沟式三种。

1)截洪式弃渣场

截洪式弃渣场上游沟道洪水一般可通过隧洞等措施排泄到邻近河(沟)道中,或通过排洪渠或埋涵管方式排至弃渣场下游河(沟)道。其防护措施布局需考虑以下问题:

(1)采取防洪排导措施排泄渣场上游来(洪)水,其防洪排导措施主要为排洪渠(沟)、排洪隧洞或涵(洞、管)等,需配合拦洪坝使用。

(2)视堆渣容量、渣场下游是否受洪水影响等情况,可分别修建拦渣坝、拦渣堤、挡渣墙等拦渣工程。渣场下游受洪水影响的需修建拦渣堤,堤顶高程需根据下游设防洪水位确定。如设防洪水位较高,弃渣场边坡需考虑洪水影响,可结合立地条件和气候因素,采取混凝土、砌石等斜坡防护工程措施。

(3)不受洪水影响的渣体坡面需采取植物护坡或综合护坡措施,渣顶面如无复耕要求则采取植物措施。

2)滞洪式弃渣场

滞洪式弃渣场下游布设拦渣坝,具有一定库容,可调蓄上游来水。其防护措施布局需考虑堆渣量、上游来水来沙量、地形地质条件、施工条件等因素确定,主要措施布局如下:

(1)设置拦渣坝,并配套溢洪、消能设施等使用。

(2)重力式拦渣坝适宜在坝顶设溢流堰,堰型视具体情况采用曲线型实用堰或宽顶堰,堰顶高程和溢流坝段长度需兼顾地形地质条件、来沙量、淹没等因素,根据调洪计算确定。

(3)采用土石坝拦渣时,筑坝材料尽量利用弃渣。

(4)弃渣场设计洪水位以上坡面需采取植物护坡或综合护坡措施,渣顶面如无复耕要求则采取植物措施。

3)填沟式弃渣场

填沟式弃渣场上游无汇水或汇水量很小,不必考虑洪水排导措施。其防护措施布局如下:

（1）弃渣场下游末端宜修建挡渣墙或拦渣坝等拦渣工程,挡渣墙、拦渣坝需设置必要的排水孔。

（2）降雨量大于 800 mm 的地区需布置截、排水沟以排泄周边坡面径流,结合地形条件布置必要的消能、沉沙设施;降雨量小于 800 mm 的地区可适当布设排水措施。

（3）弃渣场边坡可采取综合护坡措施,渣顶面如无复耕要求则采取植物措施。

2. 临河型弃渣场防护措施总体布局

临河型弃渣场防护措施须考虑洪水对渣脚或渣体坡面的影响,其防护措施布局如下:

（1）在迎水侧坡脚布设拦渣堤,或设置混凝土、砌石、抛石等护脚措施,拦渣堤内需布设排水孔。

（2）设防洪水位以下的迎水坡面须采取斜坡防护工程措施,设防洪水位以上坡面优先考虑植物措施,坡度陡于 1:1.5 的坡面可采取综合护坡措施。

（3）渣顶以上需布设必要的截水措施,渣体坡面汇流较大的需布置排水措施。

（4）渣顶面如无复耕要求则采取植物措施。

3. 坡地型弃渣场防护措施总体布局

（1）堆渣体坡脚需设置挡渣墙或护脚护坡措施。

（2）坡面优先考虑植物措施,坡面较陡的可采取综合护坡措施。

（3）渣顶以上需布设必要的截水措施,渣体坡面汇流较大的需布置排水措施。

（4）渣顶面如无复耕要求则采取植物措施。

4. 平地型弃渣场防护措施总体布局

（1）堆渣坡脚需设置围渣堰,坡面较大时布设排水措施;不需设置围渣堰时,可采取护脚护坡措施。

（2）坡面优先考虑植物措施,坡面较陡的采取综合护坡措施。

（3）渣顶面如无复耕要求则采取植物措施。

（4）弃渣填凹地的,优先考虑填平后复耕或采取植物措施;当堆渣超出原地面线时,应采取相应的防护措施。

5. 库区型弃渣场防护措施总体布局

根据渣场处地形地貌、蓄水淹没可能对渣场的影响,采取相应工程及临时防护措施,避免施工期弃渣流失进入河道。淹没水位以下一般不采取植物恢复措施,蓄水淹没前裸露时段较长的,需结合水土流失影响分析确定植物措施布置。

6.2　拦渣工程

6.2.1　拦渣工程分类及其适用条件

为防止弃渣流失,在渣体坡脚修建的以拦挡为目的的建筑物称为拦渣工程。常用的拦渣工程主要有挡渣墙、拦渣堤、拦渣坝、围渣堰四种类型。弃渣堆置于台地、缓坡地上,易发生滑塌,修建挡渣墙;堆置于河道或沟道岸边,受洪水影响,按防洪要求设置拦渣堤;堆置于沟道内,修建拦渣坝;堆置于平地上,设置围渣堰。

6.2.2　拦渣工程设计

6.2.2.1　形式选择

1. 挡渣墙形式选择

按挡渣墙断面的几何形状及其受力特点,挡渣墙形式有重力式、半重力式、衡重式、悬臂式、扶壁式等。水土保持工程中常用重力式挡渣墙、半重力式挡渣墙、衡重式挡渣墙等。因建筑材料可就地取材、施工方便、工程量相对较小等,水土保持工程的挡渣墙多采用重力式,其高度一般不宜超过 6 m。

按建筑材料可分为干砌石、浆砌石、混凝土或钢筋混凝土、石笼等。

重力式挡渣墙常用干砌石、浆砌石、石笼等建筑材料;半重力式挡渣墙、衡重式挡渣墙建筑材料多采用混凝土;悬臂式、扶壁式(支墩式)等挡渣墙常用钢筋混凝土。

工程实践中,可根据弃渣堆置形式,地形地质条件、降水与汇水条件,建筑材料来源等选择经济实用的挡渣墙形式。

2. 拦渣堤形式选择

拦渣堤形式主要有墙式拦渣堤和非墙式拦渣堤,按建筑材料分为土石堤、砌石堤、混凝土堤、石笼堤等。

水土保持工程采用的拦渣堤形式多为墙式拦渣堤,断面形式有重力式、半重力式、衡重式等,其设计要点与挡渣墙相似;非墙式拦渣堤可参照《堤防工程设计规范》(GB 50286—2013)进行设计,此处不予赘述。

对于墙式拦渣堤,堤型选择应综合考虑筑堤材料及开采运输条件、地形地质条件、施工条件、基础处理、抗震要求等因素,经技术经济比较后确定。

拦渣堤平面布置应考虑的问题如下:

(1)满足河流治导规划或行洪安全要求。

(2)拦渣堤布置于相对较高的基础面上,以便降低堤身高度。

(3)拦渣堤应顺等高线布置,尽量避免截断沟谷和水流,否则应考虑沟谷排洪设施;平面走向应顺直,转折处应采用平滑曲线连接。

(4)堤基选择新鲜不易风化的岩石或密实土层基础,并考虑基础土层含水量和密度的均一性,以满足地基承载力要求。

3. 拦渣坝形式选择

水土保持工程拦渣坝坝型主要为重力坝和堆石坝,按建筑材料可分为混凝土坝、浆砌石坝和堆石坝。一般采用低坝,以 6~15 m 为宜,在渣场渣量较大、防护要求较高等特殊情况下坝高可超过 15 m,但一般不宜超过 30 m。根据上游洪水处理方式,拦渣坝可分为截洪式和滞洪式两类。

1)截洪式拦渣坝

截洪式拦渣坝坝体只拦挡坝后弃渣及少量渣体渗水,渣体上游的沟道洪水通过拦洪坝、排水洞等措施进行排导,坝体不承担拦洪作用。截洪式拦渣坝按照建筑材料可分为混凝土拦渣坝、浆砌石拦渣坝、碾压堆石拦渣坝等类型。

（1）混凝土拦渣坝通常为实体重力坝，宜修建在岩基上，适用于堆渣量大、基础为岩石的截洪式弃渣场，具有排水设施布设方便、便于机械化施工、运行维护简单等特点，但筑坝造价相对较高。混凝土拦渣坝对地形适应性较好，坝址宜选择在上游库容条件好、坝段沟谷狭窄、便于布设施工场地的位置。对地质条件的要求相对较高，一般要求坐落于岩基上，要求坝址处沟道两岸岩体完整、岸坡稳定。对于岩基可能出现的节理、裂隙、夹层、断层或显著的片理等地质缺陷，需采取相应的处理措施。对于非岩石基础，需经过专门处理，以满足设计要求。混凝土拦渣坝筑坝所需水泥等原材料一般需外购，需有施工道路；同时为了满足弃渣场"先拦后弃"的水土保持要求，混凝土拦渣坝需在较短的时间内完成，施工强度大，对机械化施工能力要求较高。

（2）浆砌石拦渣坝坝型为重力坝，坝体断面较小、结构简单，石料和胶结材料等主要建筑材料可就地取材或取自弃渣；雨季对施工影响不大，全年有效施工期较长；施工技术较简单，对施工机械设备要求比较灵活；工程维护较简单；坝顶可作为交通道路。浆砌石拦渣坝适用于石料丰富，便于就地取材和施工场地布置的地区。坝基一般要求为岩石地基。浆砌石拦渣坝的筑坝材料主要包括石料和胶凝材料。石料要求新鲜、完整、质地坚硬，如花岗岩、砂岩、石灰岩等，拦渣坝砌石料优先从弃渣中选取。浆砌石拦渣坝的胶结材料应采用水泥砂浆和一、二级配混凝土。水泥砂浆常用的强度等级为 M7.5、M10、M12.5 三种。

（3）碾压堆石拦渣坝是用碾压机具将砂、砂砾和石料等建筑材料或经筛选后的弃石渣分层碾压后建成的一种用于渣体拦挡的建（构）筑物。碾压堆石拦渣坝类似于透水堆石坝，不同之处在于其采用坝体拦挡弃土（石、渣），同时利用坝体的透水功能把坝前渣体内水通过坝体排出，以降低坝前水位。碾压堆石拦渣坝的建筑材料来源丰富，基础处理工程量较小，有效提高渣场容量，配套排水设施投入低，工程适用范围广，后期维护便利，施工简便，投资低，工程安全性高。

碾压堆石拦渣坝对地形适应性较强，一般修建在地形相对宽阔的沟道型弃渣场下游端。因其坝体断面较大，主要适用于坝轴线较短、库容大，有条件且便于施工场地布设的沟道型弃渣场。该坝型对工程地质条件的适应性较好，对大多数地质条件，经处理后均可适用。但对厚的淤泥、软土、流沙等地基需经过论证后才能适用。由于该坝型工程量较大，为满足弃渣场"先拦后弃"的水土保持要求，坝体需要在较短的时间内填筑到一定高度，施工强度较大，对机械化施工能力要求较高。

碾压堆石拦渣坝高度相对其他拦渣坝而言较高，宜修建在岩石地基上，但密实的、强度高的冲积层，不存在引起沉陷、管涌和滑动危险的夹层时，也可以修建碾压堆石拦渣坝。对于岩基，地质上的节理、裂隙、夹层、断层或显著的片理等可能造成重大缺陷的，需采取相应处理措施。

2）滞洪式拦渣坝

滞洪式拦渣坝是指坝体既拦渣又挡上游来水的拦挡建筑物，其设计原理和一般水工挡水建筑物相同。滞洪式拦渣坝按坝型可分为重力坝和土石坝。重力坝一般不设溢洪道，采用坝顶溢流泄洪；土石坝一般采用均质土坝或土石混合坝或砌石坝，土石坝设专门的溢洪道或其他如竖井等排泄洪水,如从坝顶溢流泄洪,应考虑防冲措施。此处仅详述浆砌石坝,其他坝型参考相应规范设计。

常用滞洪式拦渣坝一般采用低坝,规模小、坝体结构简单,主要建筑材料可以就地取材或来源于弃渣,造价相对低。该坝施工技术简单,对施工机械设备要求比较灵活,但机械化程度一般较低,以人工为主;建成后的维修及处理工作较简单。与传统水利工程浆砌石重力坝相比,主要区别在于滞洪式拦渣坝上游不是逐年淤积的水库泥沙,而是以短时间内堆填工程弃土弃渣为主。

滞洪式拦渣坝对渗漏要求不高,在不发生渗透性破坏、不影响稳定的前提下,渗漏有助于排除渣体内积水,进而减轻上游水压力。

6.2.2.2　断面设计

1. 挡渣墙断面设计

一般先根据挡渣总体要求及地基强度指标等条件,参考已有工程经验初步拟定断面轮廓尺寸及各部分结构尺寸,经验算满足抗滑、抗倾覆稳定和地基承载力,且经济合理的墙体断面即为设计断面。

挡渣墙抗滑稳定验算是为保证挡渣墙不产生滑动破坏;抗倾覆稳定验算是为保证挡渣墙不产生绕前趾倾覆而破坏。地基应力验算一般包括:①地基应力不超过容许承载力,以保证地基不出现过大沉陷;②控制地基应力大小比或基底合力偏心距,以保证挡渣墙不产生前倾变位。

一般情况下,挡渣墙的基础宽度与墙高之比为 0.3 ~ 0.8(墙基为软基时例外),当墙背填土面为水平时,取小值;当墙背填土(渣)坡角接近或等于土的内摩擦角时,取大值。初拟断面尺寸时,对于浆砌石挡渣墙,墙顶宽度一般不小于 0.5 m;对于混凝土挡墙,为便于混凝土的浇筑,一般不小于 0.3 m。

2. 拦渣堤断面设计

拦渣堤断面设计主要包括堤顶高程、堤顶宽、堤高、堤面及堤背坡比等内容。一般先根据区域地形地质条件、水文条件、筑堤材料、堆渣量及施工条件等,根据经验初拟堤型、断面主要尺寸,经试算满足抗滑、抗倾覆和地基承载力,且经济合理的断面为设计断面。

拦渣堤堤顶高程应满足挡渣要求和防洪要求,因此堤顶高程应按满足防洪要求和安全挡渣要求二者中的高值确定。按防洪要求确定的堤顶高程应为设计洪水位或设计潮水位加堤顶超高,堤顶超高按下式计算:

$$Y = R + e + A \tag{6-6}$$

式中　Y——堤顶超高,m;

　　　R——设计波浪爬高,m,可按《堤防工程设计规范》(GB 50286—2013)附录 C 计算确定;

　　　e——设计风壅增水高度,m,可按《堤防工程设计规范》(GB 50286—2013)附录 C 计算确定,对于海堤,当设计高潮位中包括风壅增水高度时,不另计;

　　　A——安全加高,m,按表 6-9 确定。

表 6-9　拦渣堤工程安全加高值

拦渣堤工程级别	1	2	3	4	5
安全加高值(m)	1.0	0.8	0.7	0.6	0.5

当设计堤身高度较大时,可根据具体情况降低堤身高度,采用拦渣堤和斜坡防护相结合的复合形式。斜坡防护措施材料可视具体情况采用干砌石、浆砌石、石笼或预制混凝土块等。其余断面设计要求同挡渣墙。

3. 拦渣坝断面设计

截洪式拦渣坝坝体断面设计主要包括坝坡、坝顶宽度及坝顶高程的设计。

截洪式拦渣坝坝体上下游坝坡根据稳定和应力等要求确定。一般情况下,上游坝坡可采用 1:0.4~1:1.0,下游坝面可为铅直面、斜面或折面。下游坝面采用折面时,折坡点高程应结合坝体稳定和应力及上下游坝坡选定;当采用斜面时,坝坡可采用 1:0.05~1:0.2。坝顶宽度主要根据其用途并结合稳定计算等确定,坝顶最小宽度一般不小于2.0 m。

由于截洪式拦渣坝不考虑坝前蓄水,坝顶高程为拦渣高程加超高,其中拦渣高程根据拦渣库容及堆渣形态确定;坝顶超高主要考虑坝前堆渣表面滑塌的缓冲拦挡及后期上游堆渣面防护和绿化等因素确定,一般不小于 1.0 m。

浆砌石拦渣坝坝体断面结合水土保持工程的布置全面考虑,根据坝址区的地形地质、水文等条件进行全面技术经济比较后确定。为了满足拦渣功能,浆砌石重力坝的平面布置可以是直线式,也可以是曲线式,或直线与曲线组合式。浆砌石拦渣坝一般上游面坡度为 1:0.2~1:0.8,下游面坡度为 1:0.5~1:1.0,个别地基条件较差的工程,为了坝体稳定或便于施工,边坡可适当放缓。当坝高为 6~10 m 时,坝顶宽度宜为 2~4 m;当坝高为10~20 m 时,坝顶宽度宜为 4~6 m;当坝高为 20~30 m 时,坝顶宽度宜为 6~8 m。坝顶高程确定原则同混凝土拦渣坝。

碾压堆石拦渣坝坝轴线布置应根据地形地质条件,按便于弃渣、易于施工的原则,经技术经济比较后确定,坝轴线宜布置成直线。坝顶宽度主要根据后期管理运行需要、坝顶设施布置和施工要求等综合确定,一般为 3~8 m,但坝顶有交通需要时可加宽。坝顶高程为拦渣高程加安全超高。拦渣高程根据堆渣量、拦渣库容、堆渣形态确定;安全超高主要考虑坝前堆渣表面滑塌的缓冲阻挡作用、坝基沉降及后期上游堆渣面防护和绿化等因素分析确定,一般不小于 1.0 m。坝坡应根据填筑材料通过稳定计算确定。一般应缓于填筑材料的自然休止角对应坡比,且不宜陡于 1:1.5。

6.2.3　细部构造设计

6.2.3.1　挡渣墙细部构造设计

挡渣墙细部构造设计包括排水和墙体分缝。

(1)墙身排水。为排除墙后积水,需在墙身布置排水孔,常采用直径为 5 cm、10 cm 的圆孔,孔距为 2~3 m,梅花形布置,最低一排排水孔宜高出地面约 0.3 m。

排水孔进口需设置反滤层,也可在排水管入口端包裹土工布起反滤作用。

(2)墙后排水。为排除渣体中的地下水及由降水形成的积水,有效降低挡渣墙后渗流浸润线,减小墙身水压力,增加墙体稳定性,可在挡渣墙后设置排水设施。

若弃渣以块石渣为主,挡渣墙渣料透水性较强,可不考虑墙后排水。

(3)分缝及止水。为了避免地基不均匀沉降而引起挡渣墙墙身开裂,一般根据地基地质条件的变化、墙体材料、气候条件、墙高及断面的变化等情况,沿墙轴线方向一般每隔 10~15 m 设置一道缝宽 2~3 cm 的沉降缝,缝内填塞沥青麻絮等材料。

6.2.3.2　拦渣堤细部构造设计

1.堤身排水

为排出堤后积水,需在堤身布置排水孔,孔进口需设置反滤层。排水孔及反滤层布设同挡渣墙。

2.堤后排水

为排除渣体中的地下水及由降水形成的积水,有效降低拦渣堤后渗流浸润线,减小堤身水压力,增加堤体稳定性,可在拦渣堤后设置排水孔。

若渣场弃渣以块石渣为主,挡渣墙渣料透水性较强,可不考虑墙后排水。

3.堤背填料选择

为有效排导渣体积水,降低堤后水压力,拦渣堤后一定范围内需设置排水层,选用透水性较好、内摩擦角较大的无黏性渣料,如块石、砾石等。

4.分缝及止水

分缝及止水同挡渣墙。

6.2.3.3　拦渣坝细部构造设计

1.混凝土拦渣坝

细部构造设计包括堤体分缝和坝前排水、材料及坝前堆渣设计。

坝体分缝根据地形地质条件及坝高变化设置,将坝体分为若干个独立的坝段。横缝沿坝轴线间距一般为 10~15 m,缝宽 2~3 cm,缝内填塞胶泥、沥青麻絮、沥青木板、聚氨酯或其他止水材料。在渗水量大、坝前堆渣易于流失或冻害严重的地区,宜采用具有弹性的材料填塞,填塞深度一般不小于 15 cm。

由于混凝土拦渣坝一般采用低坝,混凝土浇筑规模较小,在混凝土浇筑能力和温度控制等满足要求的情况下,坝体内一般不宜设置纵缝。

为减小坝前水压力,提高坝体稳定性,应设置排水沟(孔、管及洞)等排水设施。当坝前渗水量小时,可在坝身设置排水孔,排水孔孔径 5~10 cm,间距 2~3 m,干旱地区间距可稍微增大,多雨地区则应减小。当坝前填料不利于排水时,宜结合堆渣要求在坝前设置排水体。当坝前渗水量较大或在多雨地区,为了快速排除坝前渗水,坝身可结合堆渣体底部盲沟布设方形或城门洞形排水洞,并应采用钢筋混凝土对洞口进行加固。排水洞进口侧采用格栅拦挡,后侧填筑一定厚度的卵石、碎石等反滤材料。考虑到排水洞出口水流对坝趾基础产生的不利影响,坝趾处一般采取干砌石、浆砌石等护面措施,或布设排水沟、集水井。

为尽可能降低坝前水位,坝前填渣面及弃渣场周边可根据要求设置截留和排除地表水的设施,如截水沟、排水明沟或暗沟等。对于渣体内渗水,可设置盲沟排导。

设计时,拦渣坝混凝土除应满足结构强度和抗裂或限裂要求外,还应根据工作条件、地区气候等环境情况,分别满足抗冻和抗侵蚀等要求。坝体混凝土强度根据《水工混凝土结构设计规范》(SL 191—2008)采用,亦可参考表6-10。

表6-10 坝体混凝土强度标准值

强度种类	符号	拦渣坝混凝土强度等级				
		C10	C15	C20	C25	C30
轴心抗压(MPa)	f_{ck}	9.8	14.3	18.5	22.4	26.2

混凝土应根据气候分区、冻融循环次数、表面局部小气候条件、水分饱和程度、结构构件重要性和检修难易程度等综合因素选定抗冻等级,并满足《水工建筑物抗冰冻设计规范》(SL 211—2006)的要求。当环境水具有侵蚀性时,应选用适宜的水泥及骨料。坝体混凝土强度等级主要根据坝体应力、混凝土龄期和强度安全系数确定,坝体内不容许出现较大的拉应力。坝体混凝土宜采用同一强度等级,若使用不同强度等级混凝土,不同等级之间要有良好的接触带,施工中须混合平仓加强振捣,或采用齿形缝结合,同时相邻混凝土强度等级的级差不宜大于两级,分区厚度尺寸最小为2~3 m。

坝前堆渣,渣料宜分区堆放,按照稳定坡比分级堆置,并设置马道或堆渣平台,保证堆渣体自身处于稳定状态。

坝前堆渣体应保证有良好的透水性,一般应在坝前15~50 m内堆置透水性良好的石渣料,作为排水体。

混凝土拦渣坝应做地基处理。坝基宜建在岩基上,对于存在风化、节理、裂隙等缺陷或涉及断层、破碎带和软弱夹层等时,必须采取有针对性的工程处理措施。坝基处理的目的是提高地基的承载力、提高地基的稳定性,减少或消除地基的有害沉降,防止地基渗透变形。基础处理后的坝基应满足承载力、稳定及变形的要求,常用的地基处理措施主要有基础开挖与清理、固结灌浆、回填混凝土、设置深齿墙等。

2. 浆砌石拦渣坝

浆砌石拦渣坝应设置横缝,一般不设置纵缝。横缝的间距根据坝体布置、施工条件及地形地质条件综合确定。

为了排放坝前渣体内渗水,在坝身设置排水管或在底部设置排水孔(洞)排水,布设原则与方法可参考混凝土拦渣坝。为防止渣体内排水不畅,影响坝体安全稳定,坝前堆渣体应保持良好的透水性,应在坝前15~50 m内堆置透水性良好的石料或渣料。

浆砌石拦渣坝应进行坝基处理。地基处理是为了满足承载力、稳定和变形的要求。经处理后坝基应具有足够的强度,以承受坝体的压力;具有足够的整体性和均匀性,以满足坝体抗滑稳定的要求和减小不均匀沉陷;具有足够的抗渗性,以满足渗透稳定的要求;具有足够的耐久性。

浆砌石拦渣坝的建基面根据坝体稳定、地基应力、岩体的物理力学性质、岩体类别、基础变形和稳定性、上部结构对基础的要求,综合考虑基础加固处理效果及施工工艺、工期和费用等,经技术经济比较后确定。水土保持工程的浆砌石坝高度一般小于 30 m,基础宜建在弱风化中部至上部基岩上。对于较大的软弱破碎带,可采用挖除、混凝土置换、混凝土深齿墙、混凝土塞、防渗墙、水泥灌浆等方法处理。

3. 碾压堆石拦渣坝

上游坡设置反滤层或过渡层,下游坡为防止渗水影响坡面稳定,可采用干砌石护坡、钢筋石笼护坡或抛石护脚等。坝址选择一般考虑如下因素:坝轴线较短,筑坝工程量小;坝址附近场地地形开阔,布设施工场地容易;地质条件较好,无不宜建坝的不良地质条件,优先选择基岩出露或覆盖层较浅处,坝基处理容易,费用较低;筑坝材料丰富,运距短,交通方便。

筑坝材料应优先考虑就近利用主体工程弃石料,以表层弱风化岩层或溢洪道、隧洞、坝肩、坝基等开挖的石料为主。筑坝石料有足够的抗剪强度和抗压强度,具有抵抗物理风化和化学风化的能力,也要具有坚固性。石料要求以粗粒为主,无凝聚性,能自由排水,级配良好。石料多选用新鲜、完整、坚实的较大石料,且填筑后材料具有低压缩性(变形较小)和一定的抗剪强度。

石料的抗压强度一般不宜低于 20 MPa,石料的硬度一般不宜低于莫氏硬度表的第 3 级,石料重度一般不宜低于 20 kN/m³,细料多的石渣饱和度以达到 90% 为佳。当拦渣要求和标准较低时,可根据实际情况适当降低石料质量要求。

坝体堆石材料的级配要求为:石料尺寸应使堆石坝的沉陷尽可能小;使堆石体具有较大的内摩擦角,以维持坝坡的稳定;使坝体堆石具有一定的渗透能力。石料粒径应多数大于 10 mm,最大粒径不超过压实分层厚度(一般为 60 ~ 80 cm),粒径小于 5.0 mm 的含量不超过 20%,粒径小于 0.075 mm 的颗粒含量不超过 5%;松散堆置时内摩擦角一般不小于 30°。当拦渣要求和标准较低时可适当降低标准。

坝上游坝坡需设置反滤层,一般由砂砾石垫层(反滤料)和土工布组成。反滤料一般采用无凝聚性、清洁而透水的砂砾石,也可采用碎石和石渣,要求质地坚硬、密实、耐风化,不含水溶盐;抗压强度不低于堆石料强度;清洁、级配良好、无凝聚性、透水性大,并有较好的抗冻性,渗透系数大于堆渣渗透系数,且压实后渗透系数为 1×10^{-3} ~ 1×10^{-2} cm/s;反滤料粒径 D 与坝前堆渣防流失粒径 d 的关系为 $D < (4 \sim 8) d$,且最大粒径不超过 10 cm,粒径小于 0.075 mm 的颗粒含量不超过 5%,粒径小于 5 mm 的颗粒含量为 30% ~ 40%。当反滤料和堆石体之间的颗粒粒径差别相当大时,在堆石体和反滤层之间还需设置过渡区,过渡区石料要求可参照反滤料的规定。

碾压堆石拦渣坝对基础处理的要求较低,砂砾层地基甚至土基经处理后均可筑坝,同时由于碾压堆石拦渣坝体按透水设计,对基础不均匀沉降方面的要求较低,小范围的坝体变形不会对坝体整体安全造成影响。

碾压堆石拦渣坝坝基处理主要包括地基处理和两岸岸坡处理。

(1)地基处理。对于一般的岩土地基,建基面须有足够的强度,并避开活动性断层、夹泥层发育的区段、浮渣、深厚强风化层和软弱夹层整体滑动等基础。坝壳底部基础处理要求不高,对于强度和密实度与堆石料相当的覆盖层一般可以不挖除;反滤层和过渡层的基础开挖处理要求较高,尽可能挖到基岩。当覆盖层较浅(一般不超过 3 m)时,应全部挖除达到基岩或密实的冲积层。

（2）两岸岸坡处理。对于坝肩与岸坡连接处，一般岩质边坡坡度控制缓于 1:0.5，土质边坡缓于 1:1.5，并力求连接处坡面平顺，不出现台阶式或悬坡，坡度最大不陡于 70°。如果岸坡为砂砾或土质，一般应在连接面设置反滤层，如砂砾层、土工布等形式。如果岸坡有整体稳定问题，可采取削坡、抗滑桩、预应力锚索等工程措施处理，并加强排水和植被措施。如果有局部稳定问题，可采取削坡处理、浆砌块石拦挡、锚杆加固等形式加固。

6.2.4 埋置深度

6.2.4.1 挡渣墙基底的埋置深度

挡渣墙基底的埋置深度应根据地形地质条件、冻结深度，以及结构稳定和地基整体稳定要求等确定。

（1）对于土质地基，挡渣墙底板顶面不应高于墙前地面高程；对于无底板的挡渣墙，其墙趾埋深应为墙前地面以下 0.5~1.0 m。

（2）当冻结深度小于 1 m 时，基底应在冻结线以下，且不小于 0.25 m，并应符合基底最小埋置深度不小于 0.5 ~1.0 m 的要求；当冻结深度大于 1.0 m 时，基底最小埋置深度不小于 1.25 m，还应将基底到冻结线以下 0.25 m 范围的地基土换填为弱冻胀材料。

（3）在风化层不厚的硬质岩石地基上，基底宜置于基岩表面风化层以下；在软质岩石地基上，基底最小埋置深度不小于 0.5~1.0 m。

6.2.4.2 常用挡渣墙设计

1. 重力式挡渣墙

（1）重力式挡渣墙根据墙背的坡度分为仰斜、垂直、俯斜三种形式，多采取垂直和俯斜两种形式；当墙高小于 3 m 时，宜采取垂直形式；当墙高大于 3 m 时，宜采取俯斜形式。

（2）重力式挡渣墙宜做成梯形截面，高度不宜超过 6 m；当采用混凝土时，一般不配筋或只在局部范围内配置少量钢筋。

（3）垂直形式挡渣墙面坡一般采用 1:0.3 ~1:0.5，俯斜形式挡渣墙面坡一般采用 1:0.1~1: 0.2，背坡采用 1: 0.3~1:0.5，具体取值应根据稳定计算确定。

（4）当墙身高度或地基承载力超过一定限度时，为了增加墙体稳定性和满足地基承载力要求，可在墙底设墙趾、墙踵台阶和齿墙。

（5）建筑材料一般采用砌石或混凝土，但Ⅷ度及Ⅷ度以上地震区不宜采用砌石结构。挡渣墙砌筑石料要求新鲜、完整、质地坚硬，抗压强度应不小于 30 MPa。胶结材料应采用水泥砂浆和一、二级配混凝土。

常用的水泥砂浆强度等级为 M7.5、M10、M12.5 三种，墙高低于 6 m 时，砂浆强度等级一般采用 M7.5；墙高高于 6 m 或寒冷地区及耐久性要求较高时，砂浆强度等级宜采用 M10 以上；常用的混凝土强度等级一般不低于 C15。寒冷地区还应满足抗冻要求。

2. 半重力式挡渣墙

半重力式挡渣墙是将重力式挡渣墙的墙身断面缩小，墙基础放大，以减小地基应力，适应软弱地基的要求。半重力式挡渣墙一般采用强度等级不低于 C15 的混凝土结构，不用钢筋或仅在局部拉应力较大部位配置少量钢筋，见图 6-4。

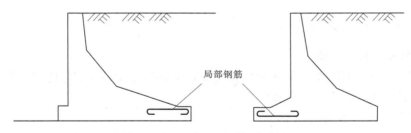

图 6-4　半重力式挡渣墙的局部配筋

半重力式挡渣墙主要由立板与底板组成,其稳定性主要依靠底板上的填渣重量来保证, 常将立板做成折线形截面。

半重力式挡渣墙设计的关键是确定墙背转折点的位置。若墙高小于 6 m,则立板与底板之间可设一个转折点;若墙高大于 6 m,立板与底板之间则可设 1~2 个转折点。立板的第一转折点一般放在距墙顶 3~3.5 m 处。第一转折点以下 1.5~2 m 处设第二转折点,第二转折点以下一般属于底板范围,底板也可设 1~2 个转折点。

外底板的宽度宜控制在 1.5 m 以内,否则将使混凝土的用量增加,或需配置较多的钢筋。立板顶部和底板边缘的厚度宜不小于 0.4 m,转折点处的截面厚度经计算确定。距墙顶 3.5 m 以内的立板厚度和墙踵 3 m 以内的底板厚度一般不大于 1.0 m。

3. 衡重式挡渣墙

衡重式挡渣墙由直墙、减重台(或称卸荷台)与底脚三部分组成。其主要特点是利用减重台上的填土重量增加挡渣墙的稳定性,并使地基应力分布比较均匀,体积比重力式挡渣墙减少 10%~20%。

在减重台以上,直墙可做得比较单薄;减重台以下则宜厚重,或是将减重台做成台板而在下面再做成直墙。前一种形式施工比较方便,在减重台以下的体积可以利用填渣斜坡直接浇筑混凝土,体积虽大但节省了模板费用;后一种形式则相反。

减重台面距墙底一般为墙高的 50%~60%,但其具体位置应经计算确定。一般减重台距墙顶不宜大于 4 m。墙顶厚度常不小于 0.3 m。

6.2.4.3　拦渣堤基础埋置深度

拦渣堤基础埋置深度需结合不同类型拦渣堤结构特性和要求,并考虑地形地质条件、水流冲刷条件、冻结深度,以及结构稳定和地基整体稳定要求等因素综合确定。

拦渣堤冲刷深度根据《堤防工程设计规范》(GB 50286—2013)计算,并类比相似河段淘刷深度,考虑一定的安全裕度确定。拦渣堤工程须考虑洪水对堤脚的淘刷,对堤脚采取相应防冲措施。为了保证堤基稳定,基础底面应设置在设计洪水冲刷线以下一定的深度。常用的防淘刷措施有抛石护脚;堤趾下伸形成齿墙,以满足抗冲刷埋置深度要求,并在拦渣堤外侧开挖槽内回填大块石等抗冲物;拦渣堤外侧铺设钢筋(格宾)石笼等。在冰冻地区,除岩石、砾石、粗砂等非冻胀地基外,其余基础的堤底需埋置在冻结线以下,并不小于 0.25 m。在无冲刷、无冻结情况下,拦渣堤基础底面一般应设在天然地面或河床面以下 0.5~1.0 m,以保证堤基稳定性。

6.2.5 拦挡工程稳定计算

6.2.5.1 挡渣墙稳定计算

设计挡渣墙时,需计算墙体的抗滑稳定和抗倾覆稳定、地基应力、应力大小比或偏心距控制,重要的挡渣墙还需计算墙身的应力。

1.挡渣墙稳定计算荷载组合

作用在挡渣墙上的荷载有墙体自重、土压力、水压力、扬压力、冰压力、地震力、其他荷载(如汽车、人群等荷载)等,见表 6-11。

表 6-11 挡渣墙荷载组合

荷载组合	计算工况	荷载						
		自重	土压力	水压力	扬压力	冰压力	地震力	其他荷载
基本组合	正常运用	√	√	√	√	√	—	√
特殊组合	地震工况	√	√	√	√	√	√	√

2.抗滑、抗倾覆稳定计算

挡渣墙抗滑、抗倾覆稳定安全系数允许值需根据挡渣墙级别,按相关规范确定。

3.地基应力验算

先根据拟定的挡渣墙断面、承受荷载情况,计算挡渣墙基底应力。然后根据挡渣墙基底应力及地基承载力验算地基应力是否满足强度要求。

4.墙身应力验算

挡渣墙一般不需做墙身应力复核。对于较高的重力式挡渣墙,竖向力和水平力计算结果需满足水工钢筋混凝土结构设计规范等的有关规定。

6.2.5.2 拦渣堤稳定计算

拦渣堤稳定计算包括抗滑、抗倾覆稳定和地基应力验算。抗滑、抗倾覆稳定安全系数可根据拦渣工程建筑物级别和所遭遇的工况,按相关规范取值。

1.荷载组合

作用在拦渣堤上的荷载有自重、土压力、水压力、扬压力、浪压力、冰压力、地震力、其他荷载(如汽车、人群等荷载)等,见表 6-12。

表 6-12 荷载组合

荷载组合	计算情况	荷载							
		自重	土压力	水压力	扬压力	浪压力	冰压力	地震力	其他荷载
基本组合	正常运用	√	√	√	√	√	√	—	√
特殊组合	地震工况	√	√	√	√	√	√	√	√

2.稳定计算

拦渣堤的稳定计算原理、公式同挡渣墙,不同的是荷载。与挡渣墙相比,拦渣堤多承受水压力、扬压力等荷载。同时应注意以下几点：

(1)岩基内有软弱结构面时,还要核算沿地基软弱面的深层抗滑稳定。

(2)抗滑稳定安全系数容许值、抗倾稳定安全系数容许值和挡渣墙取值不同,应按照相关规范确定或参照堤防规范选取。

(3)基底面与地基之间或软弱结构面之间的摩擦系数,宜采用试验数据。当无试验资料时,可参考表 6-13 取值。需要注意的是,拦渣堤应考虑到水对摩擦系数的影响,偏于安全选取。

表 6-13　拦渣堤基底面与地基之间的摩擦系数

土的类别		摩擦系数
黏性土	可塑	0.25~0.3
	硬塑	0.3~0.35
	坚硬	0.35~0.45
粉土	≤0.5	0.3~0.4
中砂、粗砂、砾砂		0.4~0.5
碎石土		0.4~0.5
软质岩石		0.4~0.55
表面粗糙的硬质岩石		0.65~0.75

6.2.5.3　拦渣坝稳定计算

拦渣坝稳定计算主要针对上述的混凝土拦渣坝、浆砌石拦渣坝和碾压堆石拦渣坝进行介绍。

1. 混凝土拦渣坝稳定计算

混凝土拦渣坝由于布设坝前排水设施,一般坝前地下水位控制在较低水平,可不进行坝基抗渗稳定性验算,必要时采取坝基防渗排水措施即可。混凝土拦渣坝基础要求坐落在基岩上,条件较好的岩石地基一般不涉及地基整体稳定问题,当地基条件较差时,需对地基进行专门处理后方可建坝。本部分主要介绍混凝土拦渣坝的抗滑稳定和应力计算。

1)荷载组合及荷载计算

(1)荷载组合。

混凝土拦渣坝承受的荷载主要有自重、静水压力、扬压力、坝前土压力、地震荷载及其他荷载等。作用在坝体上的荷载可分为基本组合与特殊组合。基本组合属正常运用情况,由同时出现的基本荷载组成;特殊组合属校核工况或非常工况,由同时出现的基本荷载和一种或几种特殊荷载组成。

①基本荷载:坝体及其上固定设施的自重,稳定渗流情况下的坝前静水压力,稳定渗流情况下的坝基扬压力,坝前土压力,其他出现机会较多的荷载。

②特殊荷载:地震荷载,其他出现机会很少的荷载。

荷载组合见表 6-14。

表 6-14　荷载组合

荷载组合	主要考虑情况		荷载						说明
			自重	静水压力	扬压力	坝前土压力	地震荷载	其他荷载	
基本组合	正常运用		√	√	√	√		√	其他荷载为出现机会较多的荷载
特殊组合	Ⅰ	施工工况	√			√		√	其他荷载为出现机会很少的荷载
	Ⅱ	地震工况	√	√	√	√	√	√	

注:1. 应根据各种荷载同时作用的实际可能性,选择计算最不利的荷载组合。

　　2. 根据实际工况选择最不利荷载组合,并应考虑临时荷载进行必要的核算,作为特殊组合。

　　3. 当混凝土拦渣坝坝前有排水设施时,坝前地下水位较低,荷载组合可不考虑扬压力计算。

（2）荷载计算。

①计算方法。

坝体抗滑稳定计算主要核算坝基面滑动条件,根据《混凝土重力坝设计规范》（SL 319—2018）,按抗剪断强度公式或抗剪强度公式计算坝基面的抗滑稳定安全系数。

②抗滑稳定安全系数。

抗滑稳定安全系数主要参考《混凝土重力坝设计规范》（SL 319—2018）,按抗剪强度计算公式和抗剪断强度计算公式计算的安全系数应不小于表 6-15 中的最小允许安全系数。坝基岩体内部深层抗滑稳定按抗剪强度公式计算的安全系数指标可经论证后确定。

表 6-15　抗滑稳定安全系数

荷载组合		级别			
		1	2	3	4、5
抗剪强度计算	基本组合	1.10	1.05～1.08	1.05～1.08	1.05
	特殊组合Ⅰ	1.05	1.00～1.03	1.00～1.03	1.00
	特殊组合Ⅱ	1.00	1.00	1.00	1.00
抗剪断强度计算	基本组合	3.00	3.00	3.00	3.00
	特殊组合Ⅰ	2.50	2.50	2.50	2.50
	特殊组合Ⅱ	2.30	2.30	2.30	2.30

提高坝体抗滑稳定性的工程措施如下:

a. 开挖出有利于稳定的坝基轮廓线。坝基开挖时,宜尽量使坝基面倾向上游。基岩坚固时可以开挖成锯齿状,形成局部倾向上游的斜面,但尖角不要过于突出,以免应力集中。

b. 坝踵或坝趾处设置齿墙。

c.采取固结灌浆等地基加固措施。

d.坝前增设阻滑板或锚杆。

e.坝前宜填抗剪强度高、排水性能好的粗粒料。

2)应力计算

拦渣坝应力计算主要包括坝基截面的垂直应力计算、坝体上下游面垂直正应力计算、坝体上下游面主应力计算。

应注意,混凝土的允许应力应按混凝土的极限强度除以相应的安全系数确定。坝体混凝土抗压安全系数:基本组合不应小于4.0;特殊组合(不含地震情况)不应小于3.5;当局部混凝土有抗拉要求时,抗拉安全系数不应小于4.0;地震情况下,坝体的结构安全应符合《水工建筑物抗震设计规范》(SL 203—97)的要求。

2.浆砌石拦渣坝稳定计算

浆砌石拦渣坝的稳定计算方法、应力计算方法与混凝土拦渣坝坝体基本相同,荷载及其组合等亦可参考混凝土拦渣坝。

1)抗滑稳定计算

浆砌石拦渣坝坝体抗滑稳定计算应考虑下列三种情况:沿垫层混凝土与基岩接触面滑动,沿砌石体与垫层混凝土接触面滑动,砌石体之间的滑动。

抗剪强度指标的选取由下述两种滑动面控制:胶结材料与基岩间的接触面、砌石块与胶结材料间的接触面,取其中指标小的参数作为设计依据。前一种接触面视基岩地质地形条件,其剪切破坏面可能全部通过接触面,也可能部分通过接触面,部分通过基岩,或者可能全部通过基岩。后一种情况由于砌体砌筑不可能十分密实、胶结材料的干缩等,石料或胶结材料本身的抗剪强度一般大于接触面的抗剪强度,其剪切破坏面往往通过接触面;应进行沿坝身砌体水平通缝的抗滑稳定校核,此时滑动面的抗剪强度应根据剪切面上下都是砌体的试验成果确定。

2)应力计算

浆砌石拦渣坝坝体应力计算应以材料力学法为基本分析方法,计算坝基面和折坡处截面的上、下游应力,对于中、低坝,可只计算坝面应力。浆砌石拦渣坝砌体抗压强度安全系数在基本荷载组合时,应不小于3.5;在特殊荷载组合时,应不小于3.0。用材料力学法计算坝体应力时,在各种荷载(地震荷载除外)组合下,坝基面垂直正应力应小于砌石体容许压应力和地基的容许承载力;坝基面最小垂直正应力应为压应力,坝体内一般不得出现拉应力。实体重力坝应计算施工期坝体应力,其下游坝基面的垂直拉应力不大于100 kPa。

3.碾压堆石拦渣坝稳定计算

1)坝坡稳定计算

碾压堆石拦渣坝可能受坝前堆渣体的整体滑动影响而失稳,此时的抗滑稳定验算需将拦渣坝和堆渣体看作一个整体进行验算。

对于坝坡抗滑稳定分析,由于坝上游坡被填渣覆盖,不存在滑动危险,只要保证坝体施工期间不滑塌即可,因此可不予进行稳定分析;此节内容主要针对坝下游坡(临空面)的抗滑稳定进行分析计算说明。

坝坡稳定分析计算应采用极限平衡法,当假定滑动面为圆弧面时,可采用计及条块间作用力的简化毕肖普法和不计及条块间作用力的瑞典圆弧法;当假定滑动面为任意形状时,可采用郎畏勒法、詹布法、摩根斯顿−普赖斯法、滑楔法。不同计算方法的坝坡抗滑稳定安全系数见表6-16。

表6-16 不同计算方法的坝坡抗滑稳定安全系数

计算方法	荷载组合	坝的级别			
		1	2	3	4、5
计及条块间作用力的方法	基本组合	1.50	1.35	1.30	1.25
	特殊组合	1.20	1.15	1.15	1.10
不计及条块间作用力的方法	基本组合	1.30	1.24	1.20	1.15
	特殊组合	1.10	1.06	1.06	1.01

注:表中基本组合指不考虑地震作用,特殊组合指考虑地震作用。

2)坝的沉降、应力和变形计算坝的沉降

坝的沉降是指在自重应力及其他外荷载作用下,坝体和坝基沿垂直方向发生的位移。对碾压堆石拦渣坝而言,其沉降主要包括由于堆石料的压缩变形而产生的坝体沉降量及基础在坝体重力作用下的坝基沉降量,影响沉降的因素有:

(1)材料的物理力学性质及粒径级配。当堆石料质地坚硬、软化系数小时,能承受较大的由堆石体自重所产生的压应力,不仅可以减少堆石体在施工期内的沉降,同时可以减少运行期间堆石体材料的蠕变软化所产生的变形。堆石料粒径级配良好与否,对碾压密实度的影响很大,从而对变形的影响也很大,使用粒径级配良好的石料,碾压后密实度和变形模量较大,可相应减小施工期和运行期的位移。

(2)碾压密实度。对堆石料所采用的碾压方法不同,坝体密实度差异较大。用振动碾碾压的堆石体密实度明显提高,变形也小得多。

(3)坝体高度。堆石体高度愈大,坝前主动土压力和自重力愈大,引起的堆石体变形也愈大。

(4)地基土性质。坝基为岩基或密实的冲积层且承载力满足要求时,变形较小,否则容易沉降变形。

因此,要求在拦渣坝设计时,对石料质量、级配、碾压要求和基础处理严格按照规范设计;施工中加强施工监理和管理,确保基础处理和坝体施工严格按照设计要求进行;对于竣工后验收合格的碾压堆石拦渣坝,应加强观测,当坝顶沉降量与坝高的比值大于1%时,应论证是否需要采取工程防护措施。

3)应力和变形

对于碾压堆石拦渣坝而言,由于其规模和高度与水工碾压土石坝相比均较小,坝体失事产生的危害也相对较小,因此对于一般的碾压堆石拦渣坝而言,不需进行应力和变形验算;对于特殊要求的高坝或涉及软弱地基时,可参考水工碾压土石坝方法进行验算。

在坝体设计时,对石料质量、级配和碾压要求严格按照规范设计;施工中加强施工监理和管理,确保坝体施工严格按照设计要求进行;对于竣工后验收合格的碾压堆石拦渣坝,应加强变形观测,一旦坝体发生变形破坏,须立即论证是否需要采取工程防护措施。

4)坝的渗透计算

(1)渗透计算。

碾压堆石拦渣坝类似于水工建筑物中的渗透堆石坝,其渗透计算方法、公式和相关参数参考《混凝土面板堆石坝设计规范》(DL/T 5016—2011)中的渗透堆石坝。

(2)渗透稳定性。

如果坝基为土层,应按照相关规范验算其渗透稳定性。各类土的容许水力坡降见表6-17。

表 6-17 各类土的容许水力坡降

序号	坝基土种类	容许水力坡降
1	大块石	1/3~1/4
2	粗砂砾、砾石,黏土	1/4~1/5
3	砂黏土	1/5~1/10
4	砂	1/10~1/12

(3)坝的渗流稳定措施。

碾压堆石拦渣坝按透水坝设计,透水要求是既要保证坝体渗流透水,又要使坝体不发生渗透破坏。

为了防止堆石坝渗流失稳,要求通过堆石的渗透流量应小于坝的临界流量,即

$$q_d = 0.8 q_k \qquad (6-7)$$

式中 q_d——渗透流量,m^3/s;

q_k——临界流量,与下游水深、下游坡度和石块大小有关。

为了提高堆石坝的渗流稳定,对下游坡面采用干砌石护坡、大块石码砌护坡、钢筋石笼护坡和抛石护脚等防护。

因此,要求在坝体设计时,对石料质量、级配和碾压要求严格按照规范设计;施工中加强施工监理和管理,确保坝体施工严格按照设计要求进行;对竣工后验收合格的碾压堆石拦渣坝,应加强渗透破坏观测,坝体一旦发生渗透破坏现象,应立即论证是否需要采取工程防护措施。

第7章　农业面源污染减排工程

7.1　农业面源污染概况

面源污染是指在不确定的时间内、经由不确定的排放途径、排放不确定量的污染物质到水系中而引起的环境污染，又称为非点源污染。面源污染通常是通过降水、融雪或灌溉等过程产生的地表径流，在淋溶或冲刷的作用下，挟带自然或人为的污染物质最终进入受纳水体所引起的水体污染。农业面源污染具有广泛性、随机性、复杂性、模糊性的特点，研究和控制难度大，监测、控制和处理十分困难。全球有 30%~50% 的陆地受到面源污染的影响。美国环保署指出湖泊富营养化的主要原因是农田养分的流失，面源污染量占污染总量的 60% 以上，而农业面源的贡献约为 75%。我国近年由于城市和工业的快速发展，人类活动对环境干扰的加剧，植被覆盖减少，水土流失增加，农业大量施用化肥，导致各大河流、湖泊的水质恶化。据 2014 年中国水资源公报，我国 21.6 万 km 的河流，处于Ⅳ类及劣于Ⅳ类水的河流长度占总河长的 27.2%；开发程度较高的 121 个湖泊中，约有 76.9% 的湖泊水质处于富营养状态；参与评价的水库中处于富营养状态的有 237 座，占比 37.3%。面源污染已上升成为威胁水环境安全的主要污染源，其中来自农田的养分流失和居民区的生活污水的贡献高达 74%~90%。

面源污染的形成是降雨产生的径流挟带地表泥沙、营养物或有毒有害物质进入水体，引起水体水质下降及水环境恶化。面源污染导致水体富营养化，破坏水生环境；污染饮用水源，威胁人类身体健康；水体中悬浮物增加，降低水体生态功能；产生地下水污染，与面源污染有关的农业生产活动、生活污水均与地下水污染的形成密切相关。

农业用地中氮、磷的流失与面源污染形成密切相关。西湖流域面源污染调查结果显示，不同用地类型的氮、磷负荷不同，其中水田的氮、磷单位面积负荷最高，旱地次之。在昆明滇池的郊区湖泊，入湖的总氮量和总磷量中农田径流输入的贡献率分别为 40% 和 53%，在周边居民地较少的湖泊，农田污染负荷的贡献率达 90% 以上。我国的太湖、滇池等地区的农业活动频繁，农业面源污染负荷占总氮来源的 66%~75%。

7.1.1　面源污染的来源

7.1.1.1　流域中氮素的来源

氮素广泛存在于自然界中，是生物生长必需的元素。大气沉降和土壤是河流中氮的重要自然来源。自然界中的氮素多以氮气分子的形式存在，而氮气本身不能直接被植物利用，需要转化为氮氧化合物或氮氢化合物方可被生物所利用。土壤中的氮包括土壤有机氮和土壤无机氮。其中，有机氮占总量的 95% 以上，包括可被生物吸收利用的部分和不能被矿化的部分，土壤无机氮包括 $NH_4—N$ 和 $NO_3—N$。在土壤-水环境体系中，无机氮与有机氮之间的转化主要通过氨化作用、硝化作用和反硝化作用。无机氮转化为有机氮需要通过土壤微生物吸收利用无机氮,有机氮转化形成无机氮(NO_3—N)可通过矿化作用,为植物生长提供所需的营养物质;土壤中多余的溶解态氮(以 NO_3—N 为主)进入河流将会导致水体中氮浓度的升高,降雨作用也可能冲刷出土壤中的有机氮,引起地表水体或地下水体中氮浓度的变化。化石燃料燃烧、化学合成、化肥施用、固氮作物的种植或其他人类活动产生活化的氮是流域氮素主要的人为来源。

7.1.1.2　流域中磷素的来源

磷是生命活动中必不可少的元素,来源包括自然源与人为源。自然界中的磷存在于天然磷酸盐矿中,自然条件下,磷主要通过岩石风化和大气沉降两种方式获得。但岩石风化速度较慢,自然界中磷的输入量不大;大气沉降的气态磷(PH_3)含量极低且不稳定。磷的人为来源主要包括生活污水中含磷洗涤剂、肥料施用和畜禽排泄等。同时,人类的过度开采会引起地表的磷活化,并最终进入水体,导致藻类疯长,水质恶化。

7.1.2　面源污染的影响因素

水环境中面源污染主要来源于陆地表面的污染物流失,面源污染的形成不仅与污染物来源密切相关,而且很大程度上取决于污染物的空间分布与输移过程,因而流域的不同特征将直接或间接影响污染物的迁移或截留过程。换言之,流域水文、土壤、地形、土地利用等多种因素会影响径流的产生和营养的运输。

7.1.2.1　水文过程

水文过程是解释流域水质的季节性变化的一个重要机制。营养物质暂时储存在地表水、包气带或地下水中,然后通过地下水或降水引起的地表径流运输到溪流中。在枯水期,营养物质被储存在包气带,优先流不能有效地运移这些储存的营养物质。强降雨事件导致养分在土壤孔隙中渗滤、淋溶,这一过程可能会增加养分输出的浓度,而降雨表现出的稀释效应并不明显。

7.1.2.2　地形条件

地形条件影响径流速度和土壤侵蚀程度,坡度越陡的地区汇流速度越快,径流对地表冲刷作用越强烈,从而促使地表养分越快进入水体。高程对面源污染也具有一定程度的影响。高程越高,人类活动越少,产生的面源污染物随地表径流进入水体的含量越少。

7.1.2.3　土地利用

土地使用类型反映了人类活动的特征,决定着水文系统的输入来源从而直接影响水质。一方面,农业密集区过量施用的肥料及居民区的污水加大了面源污染负荷,此外,居民用地面积增大,即不透水面面积增大,导致水体中污染物总量和种类的增加;另一方面,森林地区产生的地表径流相对较少;草地作为典型的"汇"景观,对地表径流入渗和土壤水分涵养有促进作用,从而能在一定程度上削减面源污染。

7.1.2.4　人为投入

人类活动与面源污染的产生密不可分。近年来,城市扩张、农田施肥、农作物生产、畜禽养殖、化石燃料燃烧、生活污水排放、兴修水利等一系列人为活动导致污染物投入的增加,污染物进入水体会导致有害藻类种类和数量的增加,也会改变水体的营养结构。在我国,氮肥施用是最大的人为输入源,占输入总量的 65.0%,其他依次为食品/饲料净输入、大气沉降和作物固氮。人为投入与河流氮、磷输出呈现显著正相关关系。

7.2　农业面源污染减排措施体系

综合分析国内外农业退水沟渠控污技术,可将这些技术分为三大类,即工程措施、植物措施和生物措施。

7.2.1　工程措施

7.2.1.1　生态拦截型沟渠系统

农业面源污染物质大部分随降雨径流进入水体, 在其进入水体前,通过建立生物(生态)拦截系统,有效阻断径流水中的氮、磷等污染物进入水环境,是控制农业面源污染物的重要技术手段。生态沟渠能够高效去除农田排水中的氮、磷,主要表现在植物吸收及流体的减速和沉降泥沙等方面。生态拦截型沟渠系统通过采用不同的护坡技术(如生态混凝土、生态砖、护坡网与水生植物复合的方式),既可达到护坡效果,有利于植物生长,又可改善沟渠生态系统。生态拦截型沟渠系统主要由工程部分和植物部分组成。生态拦截型沟渠系统能减缓水速,促进水流挟带颗粒物质的沉淀,有利于构建植物对沟壁、水体和沟底中逸出养分的立体式吸收和拦截,从而实现对农田排出养分的控制。在沟渠内部相隔一定距离布设拦截坝,可以减缓水速、延长水力停留时间,使流水挟带的颗粒物质和养分等得以截留、沉淀和去除,同时调节沟渠水位和下渗,利用地下水和土体的自净作用降解水体中的氮、磷。拦截箱是一种沟渠拦截氮、磷辅助技术,箱中填充的基质对水体中的氮、磷具有良好的吸附作用,基质和生长其上的植物共同组成一个功能完整的小单元,也有助于沟体拦截水流,减缓水速,具有良好的氮、磷减排效应。

7.2.1.2　控制排水型沟渠系统

在各级排水沟渠采用控制排水技术(如设置排水阀、闸等),对各级沟渠的排水量进行调节,调控排水沟渠中的水位,并减少沟渠水体的扰动,增加田间入渗量,利用土壤的过滤和吸附作用,减少农田排水中氮、磷的浓度。在排水沟出口处设置小闸门,可将降雨形成的地表径流拦蓄在田块中,形成控制排水,地表控制排水可显著减少农田氮排放量。

7.2.2　植物措施

生态拦截型沟渠系统由农田排水沟渠及其内部种植的植物组成,通过沟渠及其辅助技术拦截径流和泥沙,植物滞留和吸收氮、磷,实现生态拦截氮、磷的功能。沟渠中的水生植物在水体氮、磷去除中起着重要作用,除植物直接吸收水体或底泥中氮、磷外,植物的存在还可延长水体在沟渠的停留时间,为微生物提供有利的生长环境等。

在研究生态沟渠对水质净化效应的进程中,除研究生态沟渠与混凝土沟渠和天然土质沟渠对污染物的影响外,近年来水生植物的筛选及沟渠对氮、磷的拦截效应研究也在展开。

　　自然沟渠中植物数量有限,植物对沟渠系统中磷的吸附容量也是有限的,通过人为配置栽种植物,尤其是经济类植物(如茭白、水稻、空心菜、豇豆等),合理搭配种植,充分利用有限的空间增加生物量,不仅可以提高磷的去除率,而且可增加经济收入。一般野生型沟渠植物经济价值低,人们不愿主动收割,若利用经济型植物(如茭白等)就可引导人们定期收割植物,有效防治植物体内磷素的二次污染;在生态沟渠中种植水稻后,各段沟渠顺水流方向水体总氮浓度逐渐降低,且均显著低于田面水,减少了田间径流水入河及最终入湖的氮素。此外,美人蕉和绿狐尾藻对氮、磷的吸收效果显著,在实际应用中得以广泛推广。

7.2.3　生物措施

　　向沟渠水体中投放一些化学物质或外源微生物促进水中氮、磷去除效果。如向沟渠水体中投加一定量的明矾和 $FeCl_3$,会使磷的净化率显著升高,投加外源微生物同样可提高沟渠系统净化磷素的效果。投加外源微生物增加微生物数量和微生物种群量,增强微生物降解、间接促进植物吸收等,进一步提高沟渠污水净化效果。微生物技术也可以用于沟渠污水治理中。把有效微生物发酵液、有效微生物发酵米糠与泥土混合,制成网球大的泥团子,放置发酵,其表面被白色菌丝毛覆盖后,投放到被污染的水沟、河流和池塘中,每两个月投放一次,同时与有效微生物发酵液一起使用,能取得更好的治理效果。有效微生物发酵液随着水流流动,与投放地点相连的水路都能得到有效微生物发酵液,而被净化的有效微生物发酵泥团子则驻守在投放地点的污泥中,成为有效微生物营养基,不断释放出有效微生物菌,能快速消除污泥和恶臭。试验结果表明,投放有效微生物菌对降低水体的叶绿素、悬浮物、有机污染指标,提高溶解氧、透明度和杀菌除臭有较明显的效果,同时具有一定的脱氮、除磷作用。此外,对投放的有效微生物及投放有有效微生物的水体生物进行安全监测的结果表明,未发现有负面影响。

　　基于农业退水沟渠的体系特性,随着研究的深化和技术的多样化,将工程措施、沟渠生态系统和生物措施结合起来,形成全程化污染物质的阻控体系,是当前的发展趋势。

7.3　生态沟渠设计案例

7.3.1　研究区概况

　　洞庭湖区围绕洞庭湖覆盖岳阳、常德、益阳等 3 市范围内的 20 个县,洞庭湖水体的水环境质量不仅受上游河流来污影响,还与湖区污染源密切相关,湖区居民生产、生活产生的污染物通过沟渠、河流直接排入洞庭湖,严重污染洞庭湖水质。

　　湖区垸内沟渠水环境要素主要包含河床、河岸、护岸、水生植物、地表水、沉积物、池塘、水洼、地下水(因与垸外洞庭湖紧密连接,不予考虑)等。垸内沟渠通过泵站从外河引水满足农田灌溉、改善垸内水体水质等要求,雨季时沟渠又通过泵站向外河排水,实现沟渠防洪排涝的作用。农田种植(施肥、废弃物)、人工养殖、生活排污、垃圾堆放等居民生产活动则导致水环境质量恶化。

洞庭湖垸内沟渠有其典型的特征,沟渠在农田灌溉时节(5月~10月)集中开泵进水,但由于沟渠连通不畅、污染严重等导致水流不畅,污染物仅被部分疏散。在11月至次年4月,沟渠泵站仅小流量进水,加上小型沟渠关闭泵站又分流部分干渠流量,所以沟渠内水流较小,而污染物排放不减反增,沟渠淤积严重,导致污染物无法被疏散净化,水质因子TN、TP,以及有机物等被聚集,含量升高,SD、DO降低,水质较差。

7.3.2　排水沟渠流量确定

根据《灌溉与排水工程设计标准》(GB 50288—2018),排涝标准的设计暴雨重现期应根据排水区的自然条件、涝灾的严重程度及影响大小等因素,采用5~10年。项目区地处山区,天然排水条件较好,结合当地实际,采用如下排涝标准:水稻区5年一遇3日暴雨3日排至作物耐淹水深;旱作区5年一遇2日暴雨2日排干。

排洪沟为5级建筑物,按10年一遇洪水设计,采用经验公式 $Q = KF^n$ 计算设计洪峰流量,查有关资料,径流模量 $K = 17$,地区指数 $n = 1$,经计算得该排洪沟10年一遇洪峰流量为

$$Q = KF^n \tag{7-1}$$

式中　Q——沟道设计流量,m^3/s;

　　　K——渠道过水断面面积,m^2,见表7-1;

　　　F——排水面积,km^2;

　　　n——面积指数,见表7-1;

表7-1　K、n 值

地区	不同频率(%)的 K 值			n 值	说明
	20	10	4		
华北	13	16.5	19	0.75	1. 当 $1<A<$ 10时,n 值采用表内数据,当 $A<1$ 时,$n=1$;2. 本表适用于 $A<10$
东北	11.5	13.5	15.8	0.85	
东南沿海	15	18	22	0.75	
西南	12	14	16	0.75	
华中	14	17	19.6	0.75	
黄土高原	6	7.5	8.5	0.8	

注:A 为过水断面面积。

不同排水面积的设计排水流量($P=20\%$)见表7-2。

表7-2　不同排水面积的设计排水流量($P=20\%$)

排水面积(亩)	10	20	30	40	50	60	70	80	90	100
设计流量(m^3/s)	0.093	0.187	0.280	0.374	0.467	0.560	0.654	0.747	0.840	0.934

7.3.3　排水沟渠流量校核

根据已经确定的灌溉渠道的设计流量和加大流量对渠道过水能力进行校核。

7.3.3.1　采用的基本公式

1. 明渠均匀流基本公式

$$Q = Ac\sqrt{Ri} \tag{7-2}$$

式中　Q——渠道设计流量，$\mathrm{m^3/s}$；

　　　A——渠道过水断面面积，$\mathrm{m^2}$；

　　　R——水力半径，$R = A/\chi$，m，χ 为湿周，m；

　　　c——谢才系数，$c = R^{1/6}/n$，$\mathrm{m^{0.5}/s}$，n 为渠床糙率系数；

　　　i——渠底比降。

2. 明渠非均匀流公式

$$Z_1 + h_1 + \frac{\alpha_1}{2g}\frac{Q^2}{A_1^2} = Z_2 + h_2 + \frac{\alpha_2}{2g}\frac{Q^2}{A_2^2} + \frac{\bar{v}^2 \Delta l}{\bar{c}^2 \bar{R}} \tag{7-3}$$

式中　Z_1、Z_2——上、下游断面水位；

　　　h_1、h_2——上、下游断面水深；

　　　α_1、α_2——动能校正系数，均取值为 1.0；

　　　A_1、A_2——上、下游断面过水面积；

　　　$\bar{v}$——上、下游断面流速平均值，$\bar{v} = \frac{1}{2}(v_1 + v_2)$；

　　　$\bar{C}$——上、下游断面谢才系数平均值，$\bar{C} = \frac{1}{2}(C_1 + C_2)$；

　　　$\bar{R}$——上、下游断面水力半径平均值，$\bar{R} = \frac{1}{2}(R_1 + R_2)$；

　　　Δl——上、下游断面之间的距离。

7.3.3.2　设计参数确定

1. 渠底比降

根据渠道沿线的地面坡度、下级渠道进水口的水位要求、渠床土质、水源含沙情况、渠道设计流量大小等因素，参考当地灌区管理运用经验，本次设计选用与地面坡度相近的渠底比降。

2. 渠床糙率系数

按混凝土衬砌考虑，取渠床糙率系数 $n = 0.017$。

3. 渠道的边坡系数

在充分利用原有渠道断面形式和大小的基础上对渠道边坡系数进行调查，为避免工程量过大，各渠段边坡系数根据实际地形地质条件确定。

7.3.3.3　渠道水力计算

根据上述设计依据，通过计算，确定渠道过水断面的水深 h 和底宽 b。用试算法求解

渠道的断面尺寸,具体步骤如下:

(1)渠道断面尺寸的校核。

①假设 b、h 值。为了施工方便,底宽 b 尽量利用现有断面形式的底宽,当底宽不够时再加大至假设一个整数的值,h 用试算值。

②根据假设的 b、h_0 值计算相应的过水断面面积 A、湿周 X、水力半径 R 和谢才系数 C,通过计算机试算求得。

(2)渠道过水断面以上部分的有关尺寸确定。

①渠道加大水深按加大流量计算。

②安全超高。为了保证渠道安全运行,挖方渠道的渠岸和填方渠道的堤顶应高于渠道加大水位,并按 $\Delta h = 1/4 h_0 + 0.2$ 计算,其中 h_0 为设计水深。

7.3.4 排水沟渠断面设计

7.3.4.1 排水沟断面形式

排水沟设计按照水力学要求选取过水断面尺寸,断面形式建议采用复式断面(见图 7-1)。

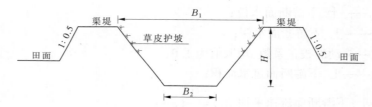

(a)新建窄深式生态沟渠断面图

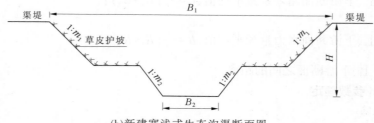

(b)新建宽浅式生态沟渠断面图

图 7-1 新建排水沟断面图

7.3.4.2 排水沟加固设计

排水沟加固应根据实际情况确定护脚形式,以确保边坡稳定,同时根据当地植被情况选择合适的护坡方案(见图 7-2)。

7.3.4.3 排水沟平面布置设计

生态排水沟平面布置应维持原有沟渠走向,不宜裁弯取直,排水沟沟底菱形布置截水坎,以减缓流速,延长排水滞留时间。排水沟平面布置图见图 7-3。

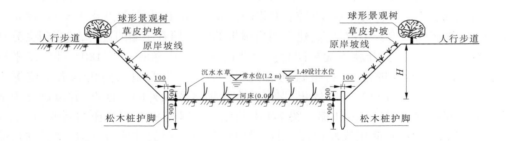

(a)松木桩护脚生态沟渠加固断面图

(b)松木桩护脚平面布置图

图 7-2　排水沟加固类型　（单位:mm）

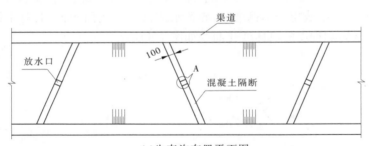

(a)生态沟布置平面图

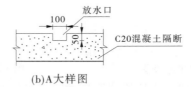

(b)A大样图

图 7-3　排水沟平面布置图　（单位:mm）

7.4　生态沟渠水质监测设备研制

7.4.1　基于旋转门算法的水质监测技术

7.4.1.1　旋转门算法概述

　　为了更准确地掌握我国各生态沟渠对面源污染的减排情况,有针对性地改善水质,可将旋转门算法应用于水质检测数据的采集系统中。旋转门算法是一种压缩能力强、压缩效果好的实时数据有损压缩算法。其基本原理为:对于原始数据 a、b、c、$\cdots$、h,对应的时间点为 t_0、t_1、t_2、$\cdots$、t_6。将初始点 a 存储,并以距离 a 点 ΔE 的上下两点作为支点,设 a 点为第一个压缩区间的第一个数据点,建立两扇虚拟的门。随着压缩的进行,两扇门会分别旋转着打开,并且一旦打开就不能再闭合。只要两扇门的内角和小于 180°,即门未平行时,旋转门操作就继续进行,并将覆盖到的数据点舍弃。当两扇门内角和大于或等于180°时(见图 7-4 中的 d 点),操作停止,保存落在压缩区间以外的数据点,并以该点为下一轮压缩的起点进行新一轮的压缩。图 7-4 中的原始数据经 SDT 算法压缩后变为 a、c、e 3 个点,并且相邻数据点间用线段连接,用该线段代替没保存的其他数据点。解压时,通过线性插值还原被压缩的点。该算法需要记录每段时间间隔长度、起点数据和终点数据,前一段的保存数据即为下一段的起点数据。

对研究区域的水质进行抽样,并检测不同的水质样本。在测试过程中,记水质指标值为 P_i,标准水质指数值为 q_i,将上述两个值作为水质综合测试和评估的参考。当检测区内水体富营养化水平相对较低时,水污染指数也会降低,此时水污染可以忽略不计;相反,在检测过程中,如果水体的富营养化水平在较高区域,则应及时提供污染指数。如果污染指数增长缓慢,说明影响因素低,对水体水质的影响较低,但仍存在一定危害,在这种情况下应尽快进行净化和过滤水体,以恢复该地区的水质;在检测区内水体富营养化速度变化迅速的环境中,水污染指数也会迅速增加,导致水体富营养化面积饱和,对水体产生严重影响。水污染因素影响程度的具体变化曲线如图 7-5 所示。

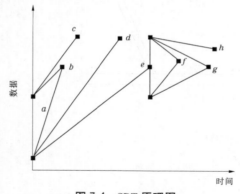

图 7-4　SDT 原理图

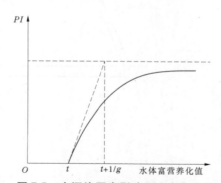

图 7-5　水污染因素影响程度变化曲线

上述曲线特征,优化了水质检测算法,结合旋转门算法计算了水体中的富营养化值。算法如下:

$$PI_i = \begin{cases} 0 & 0 \leq q_i \leq n \\ 1 - e^{-g(q_i-t)} & q_i > n \end{cases} \qquad (7\text{-}4)$$

式中　n——常量,是水质变化的通用参数。

根据上述算法,水污染因素的影响指数计算如下:

$$\delta = \sum_{i=1}^{n} Z_i \cdot PI_i \qquad (7\text{-}5)$$

式中　Z_i——水质检测的标准化重量。

根据上述算法,结合旋转门算法计算水污染程度。为了应对不同程度的水污染,有必要对检测区内水体的富营养化值进行预处理,具体步骤如下:

(1)为 P_{j_0} 设置参考值。不同指标的统计规范值为 a'_{jg} 。为了确保参考值与规范值之间的差异较小,有必要将规范转换公式设置如下:

$$q'_j = \frac{1}{10}\ln\delta(P_{j_0} - a'_{jg}) \tag{7-6}$$

(2)若 q'_j 为归一化转换值,q_j 则为指标 j 的转换值,获得不同水体富营养化评价指标规则的收集算法如下:

$$q_j = \begin{cases} \left(\dfrac{P_{j_0}}{P_j}\right)^{0.5} & P_j \leqslant P_{j_0} \\[2mm] \left(\dfrac{q'_j}{P_{j_0}}\right)^{0.5} & P_j \geqslant P_{j_0} \\[2mm] 1 & P_j > P_{j_0} \\[2mm] 1 & P_j < P_{j_0} \end{cases} \tag{7-7}$$

根据上述步骤,完成水质富营养化收集算法,并根据式(7-7)进行水质特征等级评价。

7.4.1.2　水质取样和评估等级规范

为了保证所采集水质数据的规范性,水质检测采用数据参数评价等级进行标准化。由于在水质数据采集过程中受多种因素影响,样本数据变幅大,难以有效应对监测区内水域的实际水质状况,导致所获取预测模型的预测精度下降,因此水质抽样评价等级标准需要标准化。利用数据挖掘和特征采集方法对采集的水质样品监测数据进行再处理和优化。在研究过程中需要遵循以下原则:

(1)固定了检测区域,对检测区内不同水体的环境污染因素及其造成的污染进行了分类。

(2)收集水流速度。污染、承载能力和污染因素的混合条件均匀。观察该地区水质的变化和影响。

水质参数应在上述原则下进行测试。将污染浓度设定为 C,将水中污染物的流速定为 L,将水体的体积设定为 V。如果水质变化遵循物质守恒规律,则检测时间水污染程度的变化与同一时间范围内污染物的流入成反比,可分别记录为 g 和 $-g$。污染物流入和流出水体所用的时间间隔是 Δt。根据物质守恒定律,计算水体中污染物质在时间之间的变化量的公式如下:

$$\partial = q_j V \sum g\{C \cdot L[t - (-g) + \Delta t] - C(t + \Delta t\} \tag{7-8}$$

如果在公式中 $\Delta t \to 0$,可以派生出一个算法:

$$\partial' = V \iint E \frac{\mathrm{d}C}{Lt} \tag{7-9}$$

其中 E 是常数,d 是污染物的影响程度。在 L 值和 C 值固定的条件下可得:

$$\partial'' = E \frac{\mathrm{d}C}{\mathrm{d}Vt} \tag{7-10}$$

其中污染浓度参数的固定状态设置为检测的初始状态,即 $t = 0$,设定 $C(0) = C_s$, $C(t) = k$ 是常数,可得:

$$V \frac{\mathrm{d}C}{\mathrm{d}t} = C'[k \cdot l(t)\partial'' - C(t)\partial'] \tag{7-11}$$

进行进一步计算得:

$$C_1(t) = (C_s - k)\mathrm{e}^{t/T} + k \tag{7-12}$$

根据上述算法,在设定 k 后,可以计算水污染物的浓度变化值,并根据计算结果进行水平划分,从而确定检测和评价标准。根据上述算法,进一步划分检测级别,步骤如下:

(1)如果 $C_s = 0$,水体的标准检测值在 $\partial = \dfrac{C_1(t)}{k}$ 且 $\partial < 1$ 范围内,此时,水质相对安全。

(2)如果 $k = 0$,意味着水中污染物相对多,水质较差,需要快速净水。

将上述检测方法作为水质检测等级的判断标准,针对不同污染,采用水污染分布指标公式对水污染等级进行划分,以进一步净化不同等级的水质。

7.4.1.3　实施水质监测数据收集

在检测过程中,水域的流动性对污染物因素的渗透率和影响程度不同。因此,有必要结合以往的方法计算影响因子的渗透系数,判断水域生活污水、工业污水和农业污水的浓度,并分析水体中污染物的组成成分,如表7-3所示。

表7-3　水污染物质要素分析

污染物	浓度(mg/L)
COD	225.5
BDD	150.5
NH_4^+	100.2
氨	80.3
磷	50.8
汞	5.5
锰	3.4
Cd	3.0
其他	1.3

根据表7-3的数据,可完成对不同等级指标的水质特征进行收集和分析。结合 ARM 嵌入式传感检测原理,对不同等级的水质进行常规采集,评价水质等级参数。

由于水体的流动性,同一区域水质的收集值存在一定的差异,但对总体值的影响相对较低,在检测和收集过程中可以忽略这些值。

7.4.2　监测箱设计

农业面源污染已经超越了工业和城市生活污染,成为我国面源污染第一大来源,已经造成了严重的资源环境破坏,特别是江河湖海水资源的污染。其中,农业退水沟渠的直接排污是造成水体富营养化的主要原因之一。

农业退水沟渠面广量大,农业面源污染的排放具有区域广、途径多的特征;同时,污染水体的排放在时间上具有一定的周期性,大体与灌溉和降雨同步。修建固定的控排性设施需要的投资大、周期长、造价高且管理难度较大,因此发展移动式的控排和监测设备势在必行。农业面源污染拦截箱可以很好地解决现有技术中通过修建控排性设施拦截污染物质带来的成本高及管理难度大的问题,同时,在拦截箱内置基于 SDT 算法的芯片,可以用作移动的监测设备。

农业面源污染监测箱包括箱体及填充于箱体内的过滤填充物,箱体的下游侧设置有支墩,箱体包括外箱体和内箱体,内箱体一端内嵌于外箱体内,且内箱体可相对外箱体滑动,外箱体和内箱体的上下游两侧面板均为栅状结构。箱体的上下游两侧均呈倒梯形结构,内箱体远离外箱体一端的第一侧面板与所述外箱体远离内箱体一端的第二侧面板相对向外倾斜设置;箱体呈长方体结构,支墩的两侧为直角梯形结构,下游侧与支墩底部垂直;支墩有两个,两个支墩分别与所述外箱体和内箱体的下游侧面板连接;外箱体内壁上设置有滑轨;过滤填充物可从炉渣、沸石、陶粒中任选一种,过滤填充物外包装有 PP 棉,如图 7-6 所示。

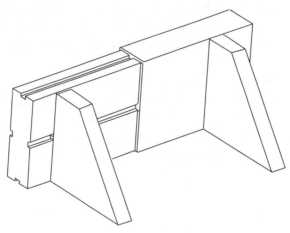

图 7-6　监测箱示意图

使用时,先根据沟渠的宽度来滑动内箱体,使内箱体与外箱体构成的箱体的长度与沟渠的宽度相对应,然后向箱体内填充过滤填充物,过滤填充物用 PP 棉包装成整体后再填充至箱体内,最后将支墩安装即可。监测箱安装与拆卸方便,由于农业沟渠污染物排放具有周期性,可在排放量大的时段布设,没有排放量的时段移除;该监测箱具有可移动性,可根据沟渠面源污染排放量的大小因地制宜布设。

监测箱可以拦截并监测经由农业退水沟渠系统排出水体中的污染物质,减少农业污染水体尤其是其中氮、磷的排放,具有移动性,安装和拆卸方便,可以重复利用,一个监测箱适用多种断面尺寸的退水沟渠,管理难度小。

参 考 文 献

[1] 郭元裕. 农田水利学[M]. 3 版. 北京:中国水利水电出版社,1997.

[2] 胡广录. 水土保持工程[M]. 北京:中国水利水电出版社,2002.

[3] 梁忠民,钟平安,华家鹏. 水文水利计算[M]. 北京:中国水利水电出版社,2006.

[4] 龙北生. 水力学[M]. 北京:中国建筑工业出版社,2000.

[5] 王礼先. 水土保持工程学[M]. 北京:中国林业出版社,2008.

[6] 王礼先,朱金兆. 水土保持学[M]. 2 版. 北京:中国林业出版社,2005.

[7] 王秀茹. 水土保持工程学[M]. 2 版. 北京:中国林业出版社,2009.

[8] 辛树帜,蒋德麒. 中国水土保持概论[M]. 北京:农业出版社,1982.

[9] 颜宏亮. 水工建筑物[M]. 北京:化学工业出版社,2007.

[10] 本书编绘组. 市政工程设计施工系列图集——防洪 防汛工程[M]. 北京:中国建材工业出版社,
2003.

[11] 袁俊森,万亮婷. 水泵与水泵站[M]. 2 版. 郑州:黄河水利出版社,2008.

[12] 张洪江. 土壤侵蚀原理[M]. 北京:中国林业出版社,2008.

[13] 中华人民共和国国家质量监督检验检疫总局,中国国家标准化管理委员会. 水土保持综合治理 技
术规范 小型蓄排引水工程:GB/T 16453.4—2008[S]. 北京:中国标准出版社,2008.

[14] 中华人民共和国住房和城乡建设部. 灌溉与排水工程设计标准:GB 50288—2018[S]. 北京:中国计
划出版社,2008.

[15] 中华人民共和国国家质量监督检验检疫总局,中国国家标准化管理委员会. 水土保持综合治理 技
术规范 坡耕地治理技术:GB/T 16453.1—2008[S]. 北京:中国标准出版社,2009.

[16] 吴发启,张洪江. 土壤侵蚀学[M]. 北京:科学出版社,2018.

[17] 张胜利,吴祥云. 水土保持工程学[M]. 北京:科学出版社,2012.

[18] 赵力毅. 水土保持治理工[M]. 郑州:黄河水利出版社,2013.